Richard Werth

Beiträge zur Anatomie

und zur operativen Behandlung der Extrauterinschwangerschaft

Richard Werth

Beiträge zur Anatomie
und zur operativen Behandlung der Extrauterinschwangerschaft

ISBN/EAN: 9783743449831

Hergestellt in Europa, USA, Kanada, Australien, Japan

Cover: Foto ©berggeist007 / pixelio.de

Manufactured and distributed by brebook publishing software (www.brebook.com)

Richard Werth

Beiträge zur Anatomie

BEITRÄGE ZUR ANATOMIE

UND ZUR

OPERATIVEN BEHANDLUNG

DER

EXTRAUTERINSCHWANGERSCHAFT

VON

Dʀ. WERTH,

O. PROFESSOR UND DIRECTOR DER GYNÄKOLOGISCHEN KLINIK IN KIEL.

MIT 3 FIGUREN IM TEXT UND EINER TAFEL.

STUTTGART.

VERLAG VON FERDINAND ENKE.

1887.

Vorwort.

In der modernen Gynäkologie beobachten wir eine eigenthümliche Erscheinung. Während auf anderen Gebieten der practischen
Medicin die Anatomie, die normale wie die pathologische, der
klinischen Forschung und den sich an diese anschliessenden Heil-
bestrebungen den Boden längst bereitet hat, sehen wir die Gynäkologie noch mitten in Terrainstudien begriffen. Ein grosser Theil
der Fragen, welche diesen Zweig der medicinischen Wissenschaft
jetzt bewegen, sind rein anatomischer Natur. Dabei besteht die
Schwierigkeit, dass mit den anatomischen Fragen therapeutische
Probleme vielfach verknüpft sind und in Angriff genommen werden
müssen, bevor erstere zu befriedigender Lösung geführt sind. Erscheint auf den ersten Blick eine solche Umkehrung des anscheinend
einzig normalen Folgeverhältnisses als wenig logisch und hinsichtlich der weiteren Entwicklung bedenklich, so hat thatsächlich die
Ueberholung der anatomischen Forschung durch die operative Praxis
die entgegengesetzte Wirkung, grosse Erfolge auch in der Ausweitung
unserer anatomischen Kenntnisse, gezeitigt. Dieses scheinbare Para-
doxon findet seine Erklärung theils darin, dass das Erscheinen eines
practischen Bedürfnisses der anatomischen Forschung erst neue

Antriebe ertheilte, vor Allem aber dass die Eroberung neuer Gebiete seitens der chirurgischen Methode für die Ergründung noch ausstehender anatomischer Fragen vielfach geeigneteres Material herbeizuschaffen vermochte als es der Leichenuntersuchung gegeben ist.

Dieses Hand in Hand-Gehen der anatomischen Forschung und chirurgischen Praxis und ihr gegenseitiges Bedingtsein tritt uns in grösster Deutlichkeit entgegen bei der Extrauterinschwangerschaft. Mit dem Eintritt dieser Abweichung in den Kreis der operativer Behandlung unterliegenden Krankheiten sind auf diesem Gebiete nicht nur grosse therapeutische Erfolge zu verzeichnen, sondern regt auch die anatomische Erforschung desselben ganz anders, wie früher, ihre Schwingen. Ganz wesentliche Fortschritte unserer Kenntniss von der wirklichen Gestaltung der ectopischen Schwangerschaft verdanken wir allein dem principiellen Bruche mit dem früher bevorzugten Laisser aller. Es genügt, wenn ich hier als eine Frucht dieser neuen Richtung nur die veränderten Anschauungen erwähne, welche wir von der anatomischen Grundlage der ihr Ziel erreichenden Extrauterinschwangerschaft gewonnen haben. Doch die bereits erreichten Erfolge dürfen die Einsicht nicht verdunkeln, dass wir noch immer in den Anfängen einer neuen Entwicklung stehen.

Die Extrauterinschwangerschaft ist zu lange ein Tummelplatz des medicinischen Dilettantismus gewesen, während die mit wissenschaftlicher Methode operirende Forschung sich von ihr fernhielt, deshalb gilt es, mit dem in vielen Jahrzehnten angehäuften Schutt aufzuräumen, das brauchbare Material zu sichten und neues hinzuzuführen, bevor es möglich sein wird, auf festerer und breiterer Grundlage die Lehre von der Extrauterinschwangerschaft in neuer Gestalt aufzuführen. Zu diesem Unternehmen ist die Mitarbeit Vieler erforderlich, denn nur auf dem Wege der Sammelforschung wird es gelingen können, das benöthigte Material zusammenzubringen.

In dieser Betrachtung sind die Gründe enthalten, welche mich bestimmten, an Stelle einer gerundeten, abschliessenden Behandlung des Themas nur lose zusammengereihte Einzelbeobachtungen und Untersuchungen in den folgenden Blättern zu geben, das Thatsächliche möglichst eingehend darzustellen, mit der Reflexion möglichst zurückzuhalten. Das enge Bündniss, in welchem wir anatomische Forschung und operative Praxis gerade auf dem Felde der Extrauterinschwangerschaft an der Arbeit sehen und der Umstand, dass auch ich einen grossen Theil des vorzulegenden Materiales dem lebenden Körper abgewonnen habe, mögen es rechtfertigen, dass ich am Ende dieser Arbeit der operativen Behandlung der ectopischen Schwangerschaft einen kurzen Abschnitt gewidmet habe.

Die mannigfache Unterstützung, welcher ich mich bei den anatomischen Untersuchungen, deren Ergebnisse in Folgendem niedergelegt sind, von Seiten meines verehrten Collegen, Herrn Professor Heller, zu erfreuen hatte, macht es mir zu einer angenehmen Pflicht, demselben an dieser Stelle meinen aufrichtigsten Dank auszusprechen.

Kiel, Anfang April 1887.

Der Verfasser.

Abtheilung I.

Die anatomischen Befunde in vorgeschritteneren Stadien der Extrauterinschwangerschaft.

———

Ich eröffne diesen Abschnitt mit einem Bericht über die von mir an drei älteren Präparaten von Extrauterinschwangerschaft angestellten Untersuchungen. Zwei derselben befanden sich in der Sammlung der hiesigen gynäkologischen Klinik, während ich das dritte der freundlichen Vermittlung des Herrn Dr. W. Lürman in Bremen und die Erlaubniss zu seiner Benutzung Herrn Dr. Pletzer ebendaselbst verdanke, welch Letzterer den Krankheitsfall, von welchem das Präparat stammt, früher veröffentlicht und dieses dem pathologisch-anatomischen Cabinet in Bremen einverleibt hatte.

Das eine der aus unserer Sammlung stammenden Präparate gehört zu dem von Dr. Dreesen in der Monatsschrift für Geburtskunde Bd. 31 als Abdominalschwangerschaft beschriebenen Falle.

Dasselbe besteht aus dem gesammten Beckeninhalt mit Fruchtsack und lässt, dank dem Geschicke, mit welchem es von dem Donator, Dr. Thomsen-Eddelack, aus der Leiche herausgenommen ist, nichts vermissen, was zur Feststellung der topographischen Verhältnisse und zur sicheren Ergründung des Eisitzes erforderlich ist. In Bezug auf die Topographie des Fruchtsackes ist die von Dreesen gegebene Darstellung durchaus klar und nahezu erschöpfend, ausserdem von einer sehr instructiven Abbildung unterstützt, welche durch eine Reproduction in dem Lehrbuch von Schröder, der den Fall als muthmassliche Eierstocksschwangerschaft aufführt, jedermann zugängig gemacht worden ist. Der Fall ist entsprechend den zur Zeit, als die Publication erfolgte, herrschenden Anschauungen als Bauchschwangerschaft beschrieben worden. Eine ohne Rücksicht auf die Erhaltung des Präparates durchgeführte Untersuchung würde vielleicht schon damals eine andere Auffassung ergeben haben, wurde aber nicht gewünscht, weil das Präparat für klinische Demonstrationszwecke verwerthbar bleiben sollte. Der Uebersichtlichkeit halber fasse ich die von Dreesen gegebene Darstellung des anatomischen Befundes und das Ergebniss meiner Untersuchung zusammen, während ich bezüglich des klinischen Verlaufes wohl auf die citirte Abhandlung verweisen darf.

Zwischen dem ovoiden Fruchtsacke und den ihn umgebenden Theilen bestehen zahlreiche Adhäsionen, besonders feste mit dem Netze. Masse des aus der Leiche herausgenommenen Fruchtsackes: Länge 20 Ctm., Breite 15 Ctm., Tiefe 9½ Ctm. Er ist, mit Ausnahme zahlreicher Adhäsionsstellen, mit relativ glattem Peritoneum bedeckt. Der Uterus und der obere Abschnitt der Vagina sind dem rechten Umfange des Fruchtsackes dicht angefügt. Der Uterus misst am Spirituspräparat 10,1 Ctm. in der Länge, wovon 5,5 Ctm. auf den Hals entfallen. Die linke Tube verläuft, unmittelbar von ihrer Abgangsstelle am Uterus anfangend, auf der Oberfläche des Fruchtsackes und nur wenige Centimeter unterhalb seiner Kuppe nach links und oben, bei starker Elevation des Uterus. Circa 8 Ctm. weit ist die Tube als frei vorspringende Leiste erkennbar, dann verschwindet sie in der Fläche der hier von glatter Serosa bekleideten Sackwand. Vom Ostium uterinum aus lässt sich der Canal der Tube mit feiner Sonde und Scheere verfolgen, auf 10 Ctm. eng, wenn auch überall mit deutlich nachweisbarem, von glatter Schleimhaut ausgekleidetem Lumen; dann findet eine ziemlich rasch zunehmende Erweiterung statt, bis in 15 Ctm. Entfernung vom Uterus die Tube mit 1 Ctm. breitem Spalt frei in die Höhlung des Fruchtsackes einmündet. Der Uebergang in den Fruchtsack erfolgt in der Weise, dass von dem flach dem Fruchtsack aufliegenden äussersten Tubendrittel die obere Wand ohne jeden Absatz in die des Fruchtsackes übergeht, während die untere in einen zugeschärften Rand ausläuft, welcher ein wenig gegen die Fruchtsackhöhle hervortritt. Die in dem erweiterten Tubenabschnitte vorhandenen Längsfalten der Schleimhaut biegen an der Einmündungsstelle über dem freien unteren Rande der letzteren nach der Fruchtsackinnenfläche um und verlieren sich alsdann in der nächsten Nähe der Oeffnung. Letztere erscheint, von der Innenfläche des Fruchtsackes aus betrachtet, als 1 Ctm. langer, schwach gekrümmter enger Spalt.

Der intraligamentöse Sitz des Fruchtsackes ist unverkennbar. Durch denselben ist das Ligamentum latum vollständig entfaltet, wohl auch das Peritoneum in der linken Hälfte des Douglas'schen

Raumes abgehoben. Der Rest des letzteren ist in die rechte Beckenseite dislocirt, hier als schmaler, halbmondförmiger Raum noch vorhanden. Die Entfaltung des breiten Bandes erstreckt sich auch auf
die Mesosalpinx, denn die den Fruchtsack bedeckende Serosa geht
über den erhaltenen Theil der Tube glatt hinüber auf den oberhalb
derselben gelegenen Fruchtsackabschnitt. Ferner erscheint das Peritoneum der hinteren Uterusfläche bis wenig unterhalb des Fundus
und über die Mittellinie nach rechts hinaus durch den Fruchtsack
abgehoben und dadurch namentlich die enge Verbindung zwischen
diesen beiden Theilen hergestellt. Nach abwärts erstreckt sich der
Fruchtsack bis zur Mitte der linken Scheidenwand und mindestens
6 Ctm. unter die vordere linke Umschlagsfalte des Peritoneums herab.
Gegen die Scheide hin und am unteren Umfange des Fruchtsackes
grenzt lockeres, zum Theil fetthaltiges Zellgewebe an diesen an.
An der vorderen Fläche, bis zur Tube hinauf, liegt eine mehrere
Millimeter dicke Schicht von grossen Gefässen, besonders Venen
durchsetzten Gewebes zwischen Peritoneum und der eigentlichen
Fruchtsackwand. In diesem Bezirke, ebenso unten und seitlich lässt
letztere sich leicht isoliren und behält nach Entfernung der Subserosa
eine nahezu glatte Aussenfläche. Sie besitzt hier eine Dicke von
einem und mehreren Millimetern und besteht aus einem derben,
homogenen Gewebe. Die hintere Wand des Fruchtbehälters dagegen zeigt eine nach oben zunehmende Verdünnung und feste Vereinigung der besonderen Fruchtsackwand mit dem aufliegenden
Peritoneum. In den obersten Bezirken bilden beide zusammen nur
eine dünne, durchscheinende Membran, welche beim geringsten In-
sulte leicht zerreisst. Pseudomembranöse Auflagerungen finden sich
an den verschiedensten Stellen des Fruchtsackes; dazwischen aber
überall noch kleinere und grössere Bezirke, in welchen die seröse
Oberfläche unverändert zu Tage liegt. Ausgedehntere und flächen-
hafte, zum Theil aber noch jetzt lösbare Verwachsungen bestehen
mit dem Peritoneum der hinteren Beckenwand, ebenso an den oberen
und hinteren Abschnitten des Fruchtsackes mit einzelnen Dünn-
därmen und grösseren Partien des Dickdarmes. Die Innenfläche
des Fruchtsackes ist mit einer gelblichen, sammetartigen, und mit
Ausnahme der gleich zu beschreibenden Communicationen mit dem
Darme, nirgends unterbrochenen Schicht ausgekleidet. Von der
Placenta und selbst dem früheren Sitze derselben fehlt jede Spur.
Die Fruchthöhle communicirt mit der oben links breit angewachsenen

Flexura sigmoidea durch drei kleine lippenförmige Fisteln; ausserdem findet sich 10 Ctm. oberhalb des Anus eine reichlich fünfmarkstückgrosse Fistelöffnung mit abgerundeten Rändern, welche die ganze vordere Wand des Mastdarms einnimmt und aus diesem in den Fruchtsack führt.

Von den linksseitigen Adnexen ist weder das Ovarium, noch das Ligamentum ovarii uterinum, ebensowenig das Infundibulum tubae aufzufinden. Auch das Ligamentum rotundum ist an seiner Abgangsstelle vom Uterus nicht zu erkennen, tritt dagegen circa 4 Ctm. nach aussen und unten von der linken Uterusecke als reichlich 1 Ctm. breite flachgewölbte Leiste unter der Serosa des Fruchtsackes hervor und lässt sich bis zur unteren Grenze des vorderen Peritonealblattes verfolgen.

Die rechtsseitigen Anhänge sind zum Theil in Pseudomembranen eingehüllt, übrigens normal.

Die an der reifen Frucht vorhandenen Veränderungen werde ich an anderer Stelle berücksichtigen.

Mit Hülfe des Mikroskopes lassen sich nicht nur in der dem Fruchtsack aufliegenden Subserosa mächtige Züge glatter Muskulatur nachweisen, sondern gelingt es auch, festzustellen, dass unabhängig von dieser die Fruchtsackwand, mit Ausnahme der stärkst verdünnten Partien, glatte Muskulatur enthält, die an verschiedenen Stellen des Sackes auch bei gleicher Dicke der untersuchten Stücke bald an Mächtigkeit hinter dem daneben vorhandenen Bindegewebe zurücksteht, bald dasselbe bedeutend überragt und überall in schmalen, meist in verschiedensten Richtungen sich kreuzenden Bündeln angeordnet ist. Die innersten Schichten der Wand sind mit zahlreichen weiten, meist zur Innenfläche senkrecht aufsteigenden Capillaren durchzogen und mit Rundzellen infiltrirt.

Das zweite, nun zu beschreibende Präparat verdankt die Sammlung Herrn Dr. Henningsen in Schleswig, welcher den betreffenden Fall in dem ersten Bande dieses Archivs unter der Ueberschrift „Abdominalschwangerschaft bei einer Sechstgebärenden" berichtet hat.

Das Präparat selbst befindet sich in einem ziemlich defecten Zustande; doch fällt es mit Hülfe der vorliegenden Angaben über den an der Lebenden und in der Leiche beobachteten Befund nicht schwer, der wahren Natur dieser Schwangerschaft und den näheren Lagebeziehungen des Fruchtsackes auf die Spur zu kommen.

Die gegen Ende der Schwangerschaft abgestorbene, dann noch drei Jahre bis zum Tode der Mutter getragene Frucht zeigt sich in derselben Weise wie die des vorigen Falles verändert und soll hier nicht weiter berücksichtigt werden. Der Fruchtsack ist breit eröffnet, ein handgrosses Stück der Wandung nur durch einige Nähte mit dem übrigen Theil in Verbindung. Die Wand ist von sehr ungleicher, zwischen kaum 1 Mm. bis nahe ½ Ctm. schwankender Dicke, fest gewebt. Mikroskopisch lässt sich überall glatte Muskulatur, an den meisten Stellen als nicht unbeträchtlicher Bestandtheil der Sackwand nachweisen. Aussen ist der Fruchtsack mit zahlreichen Adhäsionsresten und, wohl vom Netz herrührenden, fetthaltigen Auflagerungen bedeckt, jedoch an einem grossen Theil seiner Oberfläche auch von glatter Serosa bekleidet. Innenfläche überall rauh und uneben, besonders rauh und zottig an den dem Uterus nächstliegenden Abschnitten des Sackes. Von der Placenta selbst nichts vorhanden.

Dem Fruchtsacke hängt der Uterus an mit normalen linksseitigen Adnexen. Die linke Tube 9,5 Ctm. lang, vollkommen durchgängig. Das linke Ovarium enthält ein reichlich erbsengrosses Corpus luteum. Der Fruchtsack nimmt seinen Ursprung vom rechten Ligamentum latum, das in normaler Breite und wenige Centimeter hoch am Präparat vorhanden ist. Die rechte Tube ist vom Uterus aus, auf 4,7 Ctm. im oberen Rande des Ligamentum latum verlaufend, sichtbar, um dann in der Wand des Fruchtsackes aufzugehen. Sie ist nächst dem Uterus vielfach zerschnitten; ½ Ctm. jenseits ihres uterinen Ursprungs besitzt sie ein für eine gewöhnliche Sonde durchgängiges Lumen, das reichlich 2 Ctm. weit nach aussen zu verfolgen ist; von hier aus wird der Tubenquerschnitt fein siebförmig und bleibt es bis zum Uebergang in die Fruchtsackwand. An dem für mikroskopische Untersuchungszwecke nicht genügend gut conservirten Präparate lässt sich doch noch so viel erkennen, dass die feinen im Tubenquerschnitt enthaltenen Lumina zum grossen Theil Blutgefässen angehören; ein kleinerer Theil derselben ist dagegen unregelmässig gestaltet und nur von lockerem Bindegewebe begrenzt; eine epitheliale Auskleidung ist nicht oder nicht mehr vorhanden. Das Infundibulum der rechten Tube ist nicht aufzufinden, das Ovarium dieser Seite nicht mit Sicherheit nachzuweisen; doch liegt am linken hinteren Umfange des Sackes, nahe dem Ansatze des Ligamentum latum, eine dicke, aussen ziemlich glatte

· Gewebsanhäufung von der Gestalt und Grösse des Eierstockes, welche aber auf dem Durchschnitt auch in den peripheren Schichten nur Gefässlumina, keine für ein Ovarium charakteristischen Bildungen erkennen lässt.

Die schon auf Grund dieses Befundes mindestens zu behauptende Wahrscheinlichkeit, dass die Frucht in einem frei gestielt dem Ligamentum latum ansitzenden tubaren Fruchtsacke enthalten war, wird zur Gewissheit bei Berücksichtigung der in der früheren Publication gemachten Angaben. Dieselben enthalten nichts für die Topographie des Fruchtsackes Verwerthbares aus der Zeit vor dem Absterben der Frucht. Nach ihrem Tode erfolgte eine durch Resorption des Fruchtwassers bedingte mässige Verkleinerung des Sackes, worauf dessen Umfang stationär blieb. Der Fruchthalter bildete von da ab einen ʹovalen derben Körper, der vom rechten Hypogastrium schräg durch das Mesogastrium bis in die Milzgegend in einer Ausdehnung von 24 Ctm. sich erstreckte und dessen obere Grenze etwa 10 Ctm. oberhalb des Nabels lag. Nach dem Eintritt einer neuen uterinen Schwangerschaft wurde der extrauterine Fruchtsack, der im horizontalen Durchmesser noch 30 Ctm., im verticalen 20 Ctm. mass und die ovale Form beibehalten hatte, allmälig in die rechte Bauchhälfte hinaufgedrängt, und zwar so, dass er seine schräge Lage im Abdomen verliess, mit seiner Längsaxe in die Längsaxe des Körpers trat und schliesslich vom rechten Hypogastrium bis zum Leberrande reichte, nirgends die Linea alba überschreitend. Dabei erwies sich der Fruchtsack auch passiv sehr beweglich. Aus diesem Verhalten zog der Autor bereits den Schluss, dass erhebliche Verwachsungen des Fruchtsackes mit dem Uterus, den Mutterbändern oder anderen Beckenorganen nicht bestehen konnten.

Nach künstlich bewirkter Ausstossung eines 28 Ctm. langen, 625 Gr. schweren Fötus aus dem Uterus hatte der Fruchtsack bald seine frühere Lage wieder eingenommen. In den nächsten Wochen nach dem Aborte stellten sich Erscheinungen von Zersetzung im Fruchtsacke ein; später erfolgte ein fistulöser Durchbruch durch die Bauchwand links vom Nabel. Allmälig traten dann ausgesprochenere Symptome einer septischen Allgemeininfection auf, und schliesslich führte eine diffuse perforatorische Peritonitis das Ende herbei. Bei der Autopsie fand sich der jetzt 22 Ctm. in der Quere, 13 Ctm. in der Länge messende Fruchtsack zum Theil im kleinen Becken gelegen, während er nach oben den Nabel um 4 Ctm. überragte.

Verwachsungen mit der Parietalserosa bestanden nur in geringer Ausdehnung um die Perforationsöffnung herum, breitere Verwachsungen unten mit der Harnblase, ferner mit dem Cöcum und Colon ascendens. Rechts in der Gegend der Valvula coli eine frische Perforation der Sackwand, hervorgerufen durch einen aus den zerfallenen Bedeckungen frei gewordenen Schädelknochen.

Der normale Uterus links vom Fruchtsack, durch denselben tief in das Becken hinabgedrängt, in retrovertirter Lage. Der Sack bis auf 5 Ctm. an den Uterus heranreichend.

Die zu Lebzeiten der Kranken auf Abdominalschwangerschaft gestellte Diagnose wird in herkömmlicher Weise allein auf die Thatsache einer bis zum achten Monat gediehenen Schwangerschaft begründet. Und dieser Schluss galt zur Zeit dieser Veröffentlichung noch für so unumstösslich sicher, dass es dem Autor nicht verdacht werden darf, wenn ihm der Widerspruch zwischen seiner Diagnose und dem Ergebniss seiner Beobachtungen nicht ganz zum Bewusstsein kam.

Das dritte, hier zu beschreibende Präparat gehört zu dem von Dr. Pletzer in der Monatsschrift für Geburtskunde Bd. 29 mitgetheilten Falle von Extrauterinschwangerschaft.

Ich beschränke mich hier auf eine Beschreibung des Objectes, wie es mir jetzt vorliegt, und bemerke nur, dass dieser Schwangerschaft zwei regelmässige Geburten vorausgegangen, sowie dass die extrauterine Frucht im siebenten Monat abgestorben war, während die Mutter, nachdem sie die dem Fruchttode folgenden Geburtserscheinungen glücklich überwunden hatte, reichlich ein Jahr nach der verfehlten Conception einer inneren Incarceration erlag.

Der Fruchtsack misst in der Höhe 17 Ctm., in der Breite 14 1/2 Ctm., ist von dem Ligamentum latum dextrum umschlossen und in der ganzen Länge des rechten Uterusrandes mit diesem in unmittelbarer Berührung. Das Peritoneum geht vom Uterus direct auf den Fruchtsack über und überkleidet fast dessen gesammte Oberfläche. Der Abgang des rechten Ligamentum rotundum vom Uterus ist nicht deutlich erkennbar; aber einige Centimeter von dessen rechtem oberen Winkel beginnt das Band als flaches Relief unter dem Peritoneum am vorderen unteren Umfange des Fruchtsackes sichtbar zu werden, um schliesslich weiter unten aus der Fläche desselben, von einer niedrigen Peritonealfalte umschlossen, kurz vor seinem durchschnittenen Ende hervorzutreten. Das Ligamentum ovarii und der Eierstock selbst nirgends nachzuweisen. Nur auf der Höhe des Tumor in mässig grossem Bezirke bindegewebige Auflagerungen, die Fettgewebe enthalten (Netzadhäsion). Am unteren Pole des Fruchtsackes ein 5—6 Ctm. im Durchmesser haltender Bezirk der Wand rauh, mit fetzigem Gewebe bedeckt (Beckenzellgewebe). Ein am linken hinteren Umfange des Fruchtsackes vorhandener Einriss erlaubt freien Einblick in dessen Höhle. Dieselbe ist eng, giebt nur der comprimirten, eigenthümlich gelagerten Frucht Raum. Die Placenta inserirt breit am vorderen unteren Umfange des Fruchtsackes und macht von der gesammten Masse der Geschwulst gut zwei Drittel aus. Entsprechend ihrer Insertionsfläche zeigt der Fruchtsack eine etwas stärkere Convexität. In der Mitte eines der Länge nach über der vorderen Wand des Fruchtsackes bis auf die Fötalfläche der Placenta geführten Durchschnittes ergiebt sich eine Dicke der Placenta (Scheitel der Placenta bis zur Amnionsfläche) von reichlich 8 Ctm. Auf dem Durchschnitt, der gelblich und hellgrau marmorirt erscheint, erkennt man nur nächst der Fruchtsackwand dieser noch anhaftendes Zottengewebe, übrigens ist die ganze homogene Masse durch ein gelb und graublau marmorirtes Coagulum gebildet. Die Frucht nimmt den hinteren oberen Umfang des Fruchtsackes ein, entspricht ihrer Grösse nach dem siebenten Schwangerschaftsmonat. Der Fruchtkörper ist ähnlich wie bei verschleppter Querlage in der Mitte eingefaltet, nur liegt der Kopf etwas höher als der dicht neben ihm gelegene Steiss. Der Rücken sieht nach hinten, das Gesicht nach links; die Brustfläche ist nach rechts und vorn, die Bauchfläche nach links und hinten gekehrt. Die dem Fruchtsack direct anliegenden Abschnitte des Fruchtkörpers sind mit diesem verwachsen; so die linke Gesichtshälfte, die gesammte Hinterfläche des Thorax, der diesem anliegende, im Ellenbogen flectirte linke und der ausgestreckte rechte Arm und Mittelhand; an beiden sind nur die Finger frei. Verwachsen ist ferner die im Hüft- und Kniegelenk stark gebeugte linke Unterextremität. Die rechte ist halb gestreckt, der Fruchthöhle zugekehrt und nicht angewachsen. Die Verwachsung lässt sich grösstentheils mit Hülfe mässigen Zuges lösen, wobei die freigelegten Flächen des Fruchtkörpers ein rauhes, feinporöses Aussehen annehmen.

Aus der Knickungsstelle zwischen Ober- und Unterkörper kommt eine grosse Nabelhernie hervor, welche die Leber und den gesammten Darm enthält und von deren Höhe die Nabelschnur ausgeht, um sich nach kurzem Verlaufe näher dem linken Placentarrande zu inseriren.

Die Dicke der Fruchtsackwand, vorn unten über der Placenta am bedeutendsten, beträgt auch hier kaum 2 Mm.; in den die Frucht umschliessenden oberen Partien des Sackes ist sie noch erheblich geringer. Da, wo Verwachsung mit der Frucht besteht, sind die Eihäute und die Wandung des Fruchtsackes selbst untrennbar verschmolzen und bilden in ihrer Vereinigung nur eine dünne Membran. Auch an den dickeren Partien ist eine Trennung zwischen Peritoneum und unterliegender besonderer Fruchtsackwand durch Präparation nicht möglich. Der ganze Querschnitt zeigt eine gleichmässige feste Structur und besteht an den mikroskopisch untersuchten Stellen ausschliesslich aus Bindegewebe. In der Nähe des Placentarrandes sind die Eihäute zum Theil von der Fruchtsackwand gelöst und, wo sie noch adhäriren, leicht von ihr zu trennen.

Der Uterus mitsammt den linken Adnexis, dem rechten unteren Umfange der Fötalgeschwulst anhängend, ist 7,8 Ctm. lang, schmal, mit kurzen Muttermundslippen. Er besitzt eine ausgesprochene Einbiegung über die linke Kante mit dem inneren Muttermunde als Scheitel der Biegung. Die Höhle des Corpus, ein längliches Dreieck, steht schräg, mit dem rechten Tubenwinkel höher als dem linken; auch erscheint der Fundus nicht ganz symmetrisch, sondern das rechte Horn etwas nach aussen und oben ausgezogen. Die Tube bildet auf dem dicht an den Uterus herantretenden Fruchtsacke keinen deutlichen Vorsprung.

Der Uterus ist an der hinteren Wand durch Längsschnitt eröffnet. In der Uterinmündung der rechten Tube steckt eine ziemlich dicke Fischbeinsonde, deren Spitze über der Placenta in der Sackwand nur undeutlich durchzufühlen und von der Fruchthöhle aus nicht sichtbar ist. Das in der Tube steckende Ende misst gegen 1,5 Ctm. Die vorsichtige Verfolgung des Canales mit Sonde und Scheere ergiebt: der interstitielle Abschnitt des Tubenlumens ist entsprechend dem Kaliber der darin steckenden Sonde ziemlich weit, verengt sich dann sehr rasch und ist über eine Strecke von circa 2 Ctm. schwer zu verfolgen, wobei es zweifelhaft bleibt, ob man sich nicht in der Richtung eines früher angelegten falschen Weges befindet — dann aber gelangt man in einen weiteren Gang, der, mit innen glatter ununterbrochener Wandung versehen, eine Stricknadel bequem würde haben passiren lassen. Das Fehlen seitlicher

Mündungen lässt die Verwechslung mit einem Blutgefäss ausschliessen. In einer Entfernung von 7 Ctm. nach aussen vom Ostium uterinum endet dieser Canal blind in der Fruchtsackwand. Bei dem Versuche, eine weitere Fortsetzung desselben nach aussen oder in die Tiefe aufzufinden, gelangt man durch die Wand hindurch in die unterliegende Placentarmasse.

Der so aufgedeckte Canal hält mit seinem Verlaufe in dem vorderen unteren Umfange des Fruchtsackes genau die Richtung ein, in welcher, unter Berücksichtigung der durch die Auftreibung des Ligamentum latum veränderten Lageverhältnisse, die Tube gesucht werden musste. Das Infundibulum der rechten Tube ist nicht aufzufinden. Das linke Ligamentum latum ist schmal, die Tube dieser Seite 7 Ctm., das Ligamentum ovarii uterinum 2,9 Ctm. lang. Der Eierstock ist normal, ebenso wie die Tube frei von Verwachsungen.

Nach der gegebenen Beschreibung wird ein Zweifel an dem intraligamentösen Sitze und der tubaren Herkunft des Fruchtsackes in diesem Falle wohl nicht aufkommen können. Wegen der seitlichen Verkrümmung des Uterus und der Ausziehung des rechten Hornes möchte ich es für wahrscheinlich halten, dass der Uterus zu Lebzeiten auch einem stark nach rechts und aufwärts gehenden Zuge ausgesetzt war und wohl über dem Becken sich befunden hatte. Da ferner am unteren Umfange des Fruchtsackes nur ein Peritonealdefect von geringer Ausdehnung vorhanden war, so kann ersterer bei der Entfaltung des Ligamentum latum nicht tiefer in dessen Basis eingewachsen sein und unmöglich breitere Verbindungen mit dem Beckenzellgewebe besessen haben. Wenn trotzdem ein grösseres Segment im Becken gefunden wurde, so ist anzunehmen, dass der Fruchtsack bei seiner Entwicklung unter vorwiegender Dehnung der hinteren Wand eine Drehung um seine quere Axe ausgeführt hatte, derart, dass die vorderen, in Folge des placentaren Blutergusses noch stärker gewölbten Abschnitte in den Beckenraum sich tiefer eingefügt hatten, ohne hier wirkliche Verbindungen zu haben. Auch nur damit ist es erklärlich, dass die hinter der Placenta gelegene Frucht vor dem Tode der Mutter, der vorderen Bauchwand anliegend, hatte gefühlt werden können.

Diese drei Fälle liefern nicht bloss einen — hoffentlich nicht ganz werthlosen — Beitrag zur Anatomie der Fruchtsackbildung, sondern können als Beispiel dienen dafür, dass bei Benutzung des vorhandenen

litterarischen Materiales zur Feststellung der anatomischen Ver-
hästnisse bei weiter gediehener Extrauterinschwangerschaft grosse
Vorsicht geboten ist. Abgesehen von wenigen Ausnahmen musste
ich deshalb die ältere Litteratur gänzlich bei Seite lassen. Auch
die neuere Casuistik zeigte sich, soweit sie mir zugänglich war,
im Verhältnisse zu ihrem Umfange recht arm an hinreichend ein-
gehenden und zuverlässigen Beobachtungen; immerhin boten sich
mir deren so viele, dass ich den Versuch wagen wollte, mit Hülfe
dieser und der eigenen Beobachtungen die Grundzüge der anatomischen Gestaltung in den späteren Stadien der Extrauterinschwangerschaft zu entwerfen. Im Vordergrunde des Interesses
stand für mich auch hier die Tubenschwangerschaft, theils weil ich
selbst diese Form allein in einer Anzahl werthvoller Exemplare
kennen gelernt hatte, theils weil sie zweifellos auch in den späteren
Monaten der Extrauterinschwangerschaft die übrigen Arten der
letzteren an Häufigkeit so weit übertrifft, dass sie auch praktisch
ein vorwiegendes Interesse und Studium beansprucht.

Mit der interstitiellen Schwangerschaft habe ich mich nicht
näher beschäftigt und werde deshalb auch in der folgenden Besprechung nicht von ihr handeln. Abgesehen von ihr gewährt nur
die ampulläre Schwangerschaft, und zwar diese weit häufiger und
leichter die Möglichkeit einer selbst bis zu Ende ungestörten Entwicklung des Eies in der Tube. Die Entwicklung des Fruchtsackes
bietet hier Verschiedenheiten, je nachdem der vom Ei besetzte
Tubenabschnitt bei zunehmender Auftreibung zwischen die Platten
des Ligamentum latum einwächst oder keine Veränderung in den
Beziehungen des letzteren zu dem betroffenen Tubensegment bei
dessen Ausdehnung stattfindet. In dem ersten Falle, der intraligamentösen Entwicklung des Fruchtsackes, scheint dieser etwas besser vor
der Ruptur gesichert, und deshalb wird diese Form wohl häufiger angetroffen. Die intraligamentöse Schwangerschaft ist zuerst von Loschge
beschrieben worden (s. das nachfolgende Verzeichniss A Nr. 2), nächst
ihm von Dezeimeris (Journ. des connaissances med.-chir. 1836). Es
handelte sich bei der von ersterem gelieferten Beschreibung um
eine Extrauterinschwangerschaft im fünften Monat, welche durch
Ruptur zum Tode führte und die nach Loschge aus dem Eierstocke hervorgegangen war, während ich nach seinen Angaben Tubenschwangerschaft für wahrscheinlicher halte. Während Loschge über
die Art und Weise wie der Fruchtsack, gleichgültig ob vom Eier-

stocke oder der Tube ausgehend, zwischen die Lamellen des Ligamentum latum gelangt, durchaus klare und zutreffende Anschauungen
entwickelt, spricht sich Dezeimeris, der aus Loschge's Publication,
wie er selbst zugesteht, seine erste Kenntniss dieser Art des Eisitzes schöpfte, nicht weiter darüber aus, wie er sich das Hineingelangen des Eies in den Zwischenraum des Ligamentum latum
vorstellt, sondern tritt mit Nachdruck für seine „grossesse sous-
péritonéo-pelvienne" als ganz selbständige Form der Extrauterinschwangerschaft ein.   Uebrigens hebt er hervor, dass bei dieser
Situation des Eies die Ruptur nahezu ebenso häufig ausbleibe als
bei Abdominalschwangerschaft. In der nachfolgenden Zeit fand diese
Entwicklungsform der Tubenschwangerschaft weniger Beachtung, und
der ihr zukommende Befund wurde allgemein falsch gedeutet, da
man die Möglichkeit einer subperitonealen Lage des Eies an eine
vorausgegangene Ruptur der unteren, dem Zwischengewebe des Ligamentum latum zugekehrten Wand der schwangeren Tube gebunden
glaubte.   Die richtige, mit den anatomischen Befunden allein im
Einklang stehende Anschauung (cf. u. a. Fall Dreesen), dass es
sich um einen einfachen Dehnungseffect bei erhaltener Continuität
des Fruchtsackes handle, wurde dann zuerst von Litzmann ge-
äussert, dem Fränkel-Breslau beitrat.   Letzterer hat durch seine
Publication (Arch. f. Gyn. Bd. 14; Volkmann's klin. Vorträge 217)
nicht wenig dazu beigetragen, das namentlich durch Hecker's bekannte Arbeit befestigte Vorurtheil gegen die Existenz einer die
ersten Monate überschreitenden Tubenschwangerschaft zu erschüttern;
auch hat derselbe Autor, zum Theil im Vereine mit Schuchardt
(Virch. Arch. Bd. 89 S. 133), werthvolle Beiträge zur Anatomie der
intraligamentösen Schwangerschaft geliefert.   Schliesslich sei noch
erwähnt, dass in England schon seit längerer Zeit Lawson Tait
für die weitergehende Entwicklungsfähigkeit der Tubenschwangerschaft seine Stimme erhoben hat.   Seine Behauptungen konnten wenig
dazu beitragen, die festgewurzelten Anschauungen zu reformiren, da
er anatomische Untersuchungen nicht beibrachte und in entschieden
einseitiger Weise die anderen, bisher allgemein angenommenen Arten
des extrauterinen Eisitzes leugnete.

Die weiter von Lawson Tait vertretene Meinung, dass in
späterer Zeit der Tubenschwangerschaft ausschliesslich die intraligamentöse Lage des Fruchtsackes vorkomme, konnte ich an der
Hand einer unzweideutigen Beobachtung von ausgetragener Schwanger-

schaft in der Continuität der Tube ohne Entfaltung des Ligamentum latum widerlegen (Arch. f. Gyn. Bd. 18).

Ich habe es nun für zweckdienlich gehalten, das Material, auf welchem die nachfolgende Darstellung beruht, soweit sie die Tubenschwangerschaft zum Gegenstande hat, dem Leser in Form einer kurzen Uebersicht vorzulegen. Ich habe dabei die Fälle von Fruchtsackbildung mit Entfaltung des Ligamentum latum von denen, wo letzteres nach Art eines Geschwulststieles den Fruchthalter trug, getrennt, entsprechend meinem Plane, die intraligamentöse und gestielte Tubenschwangerschaft der späteren Monate gesondert zu behandeln. In das Verzeichniss A der Fälle von intraligamentöser Schwangerschaft habe ich einige aufgenommen, in welchen die Mitte der Schwangerschaft noch kaum erreicht war, weil ich gerade die noch relativ frühen Formen dieser Gattung für das nähere Verständniss ihres Entwicklungsganges wichtig erachtete. Ferner macht meine Zusammenstellung durchaus nicht den Anspruch, alle mehr oder minder sicheren Fälle von tubarem Eisitze in späterer Schwangerschaftszeit in sich zu vereinigen, sondern ich habe mich bei der Aufnahme allein von der Brauchbarkeit der Fälle für die Zwecke meiner Darstellung leiten lassen und deshalb manche Beobachtungen, die jetzt als tubare gelten und in Bezug auf anatomische Details gar zu wenig oder nichts bieten, ausgelassen. Auf der anderen Seite habe ich nicht Anstand genommen, einzelne Fälle mit einzureihen, die unter einer anderen Diagnose publicirt, aber nach den vorliegenden Angaben in genügender Weise die Merkmale der tubaren Schwangerschaft an sich trugen.

Bei der intraligamentösen Tubenschwangerschaft genügt in der Regel das Peritoneum des Ligamentum latum zur Bedeckung des ganzen Fruchtsackes, auch bei zu Ende gelangender Schwangerschaft, weil hier nicht bloss Dehnung der Serosa, sondern mehr noch wirkliches Wachsthum eine erhebliche Flächenvermehrung ermöglicht. Allerdings ist es in der Regel ja nur ein, wenn auch der grössere Theil des Fruchtsackes, welcher vom Peritoneum umspannt wird, während die tieferen Abschnitte in breiter Berührung mit dem Beckenzellgewebe stehen. Doch scheint nicht immer der Fruchtsack die Basis des Ligamentum latum nach abwärts zu überschreiten, wie dies aus der Angabe in Fall 13 erhellt, nach welcher die Lamellen des Bandes noch unter dem Fruchtsack wieder zu gegenseitiger

Verzeichniss A.
16 Fälle von intraligamen·

Nr.	Autor. Ort der Publication.	Alter.	Frühere Geburten.	Fruchtsack.	Uterus.
1	Schuchardt, Virch. Arch. Bd. 89 S. 133.	41 Jahre.	2 Geburten, letzte vor 16 Jahren.	Linksseitig. Der Douglassche Raum durch weitergehende Entfaltung der hinteren Lamelle des Lig. lat. und (oder?) alte peritonitische Verwachsungen aufgehoben. Oberer Umfang des Sackes mit der Flexura sigmoidea verwachsen. Links vorn unregelmässig zackiger Einriss. Die dünnste Stelle des Sackes, circa 1 Mm. stark, liegt vorn in einem 5 Mm. grossen, sich etwas vorbuchtenden Bezirke. Mikroskopisch im oberen Theil des Fruchtsackes unter dem bedeckenden Peritoneum breite Muskelschicht. Am unteren vorderen Umfange keine Muscularis, sondern unmittelbares Angrenzen der von Blutherden durchsetzten Placenta an das Fettgewebe der Basis des Lig. lat.	Stark nach rechts verdrängt und mässig retroflectirt; 9 Ctm. lang, davon 4,5 Ctm. auf die Cervix entfallend. Der Fruchtsack reicht nicht ganz bis an den Uterus heran.
2	Loschge, Arch. f. med. Erfahrung Bd. 2 S. 218.	35 Jahre.	1 Geburt vor 8 Jahren.	Rechtsseitig, zwischen den aus einander gewichenen Blättern des Lig. lat. incl. Ala vespertilionis enthalten. Aeussere Fläche überall glatt und gleichmässig gespannt. Die ganze Innenfläche mit Placenta besetzt, welche auf der Oberfläche überall braunroth durchschimmerte. 1 Zoll lange schlitzförmige Ruptur an der hinteren Fruchtsackwand.	In die linke Seite verdrängt.
3	Werth, s. u. Abth. II, Fall 1.	24 Jahre.	Erste Schwangerschaft in 3½ Jahre langer Ehe.	Im rechten Lig. lat. Ein 3 Ctm. breiter Bezirk des letzteren nächst dem Uterus nicht entfaltet. Fruchtsack den Beckeneingang 4 Finger breit überragend. Wand am oberen medianen Abschnitte über 1 Ctm. dick; hier unter dem Peritoneum reichlich in Bündeln angeordnete Muskulatur mit breiten Bindegewebsinterstitien. In den dünneren Partien Wand meist nur aus Bindegewebe bestehend. In grosser Ausdehnung in der Wand, meist näher dem Peritoneum, von kubischem Epithel ausgekleidete Gänge (Parovarialschläuche). In den subserösen Schichten des Fruchtsackes Gefässe mit ausserordentlich dicker Muscularis.	Wenig vergrössert; in die linke Seite und nach oben vorn verdrängt.

töser Tubenschwangerschaft.

Tube.	Ovarium.	Lig. ovarii.	Lig. rotund.	Placenta.	Frucht.	Bemerkungen.
Linke Tube nur in der Länge von 2 Ctm. vom Uterus aus nachweisbar, verliert sich dann in der Wand des Sackes.	Linkes Ovarium nicht anfzufinden.	Linkes Lig. ovarii nicht aufzufinden.	Auf der vorderen Wand des Fruchtsackes verlaufend.	Sass hauptsächlich in der rechten Hälfte des Fruchtsackes.	18 Ctm. lang, weiblich.	Tod durch Ruptur des Fruchtsackes und intraperitoneale Verblutung.
Rechte Tube vom Uterus aus nur eine kurze Strecke als Strang nachweisbar. Abdominalöffnung mit ihren Franzen völlig verwischt.	Rechter Eierstock erschien als Bestandtheil der oberen Fruchtsackwand in zwei verdünnt auseinander laufende Lappen getheilt.	Ein kurzes Stück vom Uterus aus als Strang zu verfolgen.	—	Diffus. Die ganze Innenfläche des Fruchtsackes einnehmend. Ansatz der Nabelschnur gegenüber dem Eierstocke.	4½ Monat, männlich.	Tod durch Ruptur. Der Fall wird von Loschge als intraligamentöse Eierstocksschwangerschaft gedeutet.
Rechte Tube von dem durchschnittenen proximalen Ende aus auf 3,9 Ctm. durchgängig. Der Canal endet blind über der Placenta. Die Schleimhaut stark aufgelockert. Mikroskopisch dichte zellige Infiltration und theilweise Verschmelzung der Faltenkämme.	Rechtes Ovarium 3,1 Ctm. lang auf der Oberfläche des Fruchtsackes, mit seinem langen Durchmesser in beinahe sagittaler Richtung, enthält ein grosses Corpus luteum.	In normaler Länge vorhanden.	—	Am oberen und hinteren Umfange des Fruchtsackes inserirt, nimmt den grössten Theil der Innenfläche ein. Zottenbindegewebe sehr kernreich. Frischer subchorialer Bluterguss.	Männlich. Steissscheitellänge 14,1 Ctm. Kurze Zeit vor oder erst während der Operation abgestorben, stark comprimirt mit ödematösen Hautwülsten.	Operationsbefund.

Nr.	Autor. Ort der Publication.	Alter.	Frühere Geburten.	Fruchtsack.	Uterus.
4	**Pletzer,** Monatsschrift für Geburtskunde Bd. 29 und Nr. 3 der oben beschriebenen Präparate.	40 Jahre.	2 Geburten, letzte vor 11 Jahren.	Im rechten Lig. lat. entwickelt unter vorwiegender Dehnung der hinteren Lamelle desselben, und vollständiger Entfaltung des Bandes bis an den Uterus heran. Dicke der Wandung, vorn, wo sie am bedeutendsten, nur 2 Mm. Glatte Muskulatur in derselben nicht nachweisbar.	7,8 Ctm. lang, sinistroflectirt. Das rechte Uterushorn nach aussen und oben ausgezogen.
5	**Martin,** Berlin. klin. Wochenschrift 1881, Nr. 51 u. 52.	39 Jahre.	1 Geburt vor 15 Jahren, 1 Abort vor 4 Jahren.	Linksseitig. Mit grossem Abschnitte im Becken. Oberfläche dunkel blauroth. Oben Verwachsungen mit dem Dünndarm. Intraligamentöser Sitz mit theilweiser Entfaltung des Mesocolon Flexurae sigmoid. In der Wand Muskelfasern.	Uterus rechts über dem Becken, dem Fruchtsacke dicht angefügt. Bei der Laparotomie in der Bauchwunde erscheinend.
6	**Sutugin,** Petersburger med. Zeitschrift N. F. Bd. 5 S. 538.	42 Jahre.	9 Geburten, letzte vor 3½ Jahren.	Rechtsseitig. Placentartheil des Fruchtsackes graublau, mit grossen Höckern, mit Serosa bekleidet, überragt die Symphyse um 9 Ctm. und erstreckt sich ins kleine Becken bis auf das rechte Scheidengewölbe herab. Dieser Abschnitt geht nach oben allmälig über in den durchscheinenden Theil des Fruchtsackes, welcher die Frucht enthält. An der Uebergangsstelle weisslich-graue Pseudomembranen aufgelagert. Nach ihrer Entfernung zeigt sich eine Oeffnung an der Placentarkapsel, aus welcher die Eihäute hervortreten. Die Placentarkapsel verwachsen mit der Parietalserosa, dem Rectum, coecum und Processus vermiformis.	Uterus 12 Ctm. lang, nach links verdrängt und aus dem Becken erhoben, mit seiner hinteren Fläche am Fruchtsacke adhärent. Rechter Rand nach vorn gekehrt unmittelbar in den Placentartheil des Fruchtsackes übergehend.
7	**Fränkel,** Arch. f. Gyn. Bd. 14 S. 197.	34 Jahre.	2 Geburten vor 6 und 5 Jahren.	Linksseitig, mit dem Uterus eng zusammenhängend, zwischen die beiden Platten des Lig. lat. wie von unten her eingeschoben, vordere Lamelle vom Sacke theilweise ablösbar, zahlreiche festere Adhäsionen mit dem Dünn- und Dickdarm, lockere mit der Parietalserosa. Die Wand bestand vorwiegend aus grossen glatten Muskelfasern. Vielfach gehen Muskelfasern von der Uterussubstanz direct in die Sackwand über.	20 Ctm. lang (Cervix 8 Ctm.) Wand 2½ Ctm. dick.

Tube.	Ovarium.	Lig. ovarii.	Lig. rotund.	Placenta.	Frucht.	Bemerkungen.
Der Canal der rechten Tube in der vorderen Wand des Fruchtsackes 7 Ctm. vom Uterus nach auswärts zu verfolgen, endet blind über der Placenta.	Nicht aufzufinden.		In der vorderen Fruchtsackwand schräg nach aussen unten verlaufend.	An der vorderen Fruchtsackwand inserirt, von einem colossalen Hämatom eingenommen, dadurch bis auf 8 Ctm. verdickt.	Mit der Wand des Fruchtsackes grösstentheils verwachsen. Grosse Omphalocele. 7 Monat.	Sectionsbefund. Frucht noch 6 Monate nach ihrem Absterben getragen.
Das uterine Ende bei der Resection des Fruchtsackes mit entfernt, durchgängig.	?			An der vorderen Wand in grosser Ausdehnung inserirt, wog 150 Gr.	7 Monat, schwach athmend, bald abgestorben, 785 Gr. schwer, hatte grosse Encephalocele am Hinterhaupt.	Operationsbefund.
Rechte Tube konnte auf 2 Ctm. vom Uterus verfolgt werden, verschmolz aber dann vollkommen mit der Placenta, so dass bei einem Versuche, unter der Serosa die Fortsetzung zu suchen, die Continuität der Tube offenbar zerstört wurde.	Rechtes Ovarium nach hinten unten disloeirt und zwischen hinterer Uteruswand und Placentarkapsel eingebacken.	Nachweisbar.	Unverändert.	Kindskopfgross.	7 Monat.	Sectionsbefund.
LinkeTube nicht gefunden, weder ihre Mündung im Fruchtsacke, noch die im Uterus.	Linkes Ovarium und Lig. ovarii an der Vorderfläche des Fruchtsackes, 5 Ctm. nach links vom Uterusrande. An der Grenze des oberen und mittleren Drittels des Fruchtsackes. Eierstocksparenchym normal. Follikel und Corpus lut. ver.		Entspringt normal innen und unten von der Sackinsertion am Uterus; stark verdickt.	Sass an der vorderen Wand.	32. Woche nach Grösse u. Gewicht. Leichte Asymmetrie des Schädels und Gesichtes, sonst normaler Körperbau.	Operations- und Sectionsbefund.

Nr.	Autor. Ort der Publication.	Alter.	Frühere Geburten.	Fruchtsack.	Uterus.
8	**Hall Davis,** Transactions of the obst. soc. of London. Vol. XII. pag. 331.	39 Jahre.	1 Geburt vor 20 Jahren. Vor 1 Jahr Abort im 3. Monat.	Linksseitig. Fruchtsack lag in der Lebenden median, den Nabel wenig überragend und tief ins Becken sich erstreckend, von livider Färbung durch venöse Congestion.	ImGanzen vergrössert, bei beträchtlicher Verlängerung des Halses, nach rechts dislocirt.
9	**Scott,** Transactions of the obst. soc. of London. Vol. XV. p. 140.	32 Jahre.	In 13jähriger Ehe erste Schwangerschaft.	Rechtsseitig, mit der hinteren Fläche des Uterus und dem linken Lig. lat. verwachsen. Der obere in die Bauchhöhle vorragende Theil glatt und dünn, „evidently consisting only of the foetal membranes". Der untere, erheblich dicker, bildete mit dem rechten Lig. lat. eine einzige dicke Masse; hier der Placentarsitz. Von der Tubenmündung aus liess sich die Sackwand von den aufgelagerten Schichten des Lig. lat., welche die Dicke der Wand bedingten, ablösen. Vom Uterus strahlten Muskelzüge in die vordere untere Wand des Sackes aus.	Uterus nach links verdrängt, aus dem Becken herausgehoben, aussen am Fruchtsacke fühlbar. 4½ Zoll lang.
10	**Lamm,** Hygiea Bd. 13, Suppl. S. 61. Ref.: Monatsschr. f. Geburtskunde Bd. 5 S. 115.	41 Jahre.	Mehrere Geburten, letzte vor 10 Jahren.	Fruchtsack von der Form eines im 7. Monat schwangeren Uterus, rechts gelegen, dem Colon ascendens und descendens, ebenso an der vorderen Bauchwand adhärent. „Der Sack war durch die Ausdehnung der rechten Tube gebildet," seine Wände enthielten eine starke Schicht Muskelfasern. Durch das rechte Scheidengewölbe hatte man vor dem Tode der Mutter den Kopf gefühlt.	6 Zoll lang, dem Fruchtsack links als Anhang aufsitzend.

Tube.	Ovarium.	Lig. ovarii.	Lig. rotund.	Placenta.	Frucht.	Bemerkungen.
Linke Tube an der vorderen Fläche des Sackes, in dessen Wand die Fimbrien sich verlieren.	Linkes Ovarium nicht gefunden.	—	—	—	8 Monat.	Sprengung des Fruchtsackes durch Repositionsversuche. Die der Mittheilung des Falles beigefügte Skizze giebt eine sehr instructive Anschauung des der intraligamentösen Tubenschwangerschaft eigenthümlichen Befundes.
Rechte Tube 6 Zoll weit auf dem Fruchtsacke zu verfolgen; die inneren zwei Drittel eng, das äusserste allmälig erweitert, im Centrum der Placentarstelle mit einer runden trompetenförmigen Oeffnung mündend. Von dieser aus bildete die Wand des Sackes mit der Tube ein Continuum.	Beide Eierstöcke nicht aufgefunden.	—	—	Sass im Beckenabschnitte des Fruchtsackes.	36 Wochen alt.	Operations- und Sectionsbefund.
Rechte Tube nur theilweise durchgängig.	Rechtes Ovarium fehlte.	—	—	Cförmig. 5 Zoll im Durchmesser, sehr fest zusammengepresst, sass links hinten, nicht in dem dem Uterus entsprechenden Theile des Sackes.	15½ Zoll lang, zusammengeschrumpft in Schädellage. „Hatte alle Zeichen der Reife."	Sectionsbefund. Tod der Mutter einige Wochen nach dem rechtzeitigen Ende der Schwangerschaft, der Frucht wahrscheinlich schon einige Zeit vor demselben.

Nr.	Autor. Ort der Publication.	Alter.	Frühere Geburten.	Fruchtsack.	Uterus.
11	**Gusserow,** Charité-Annalen Jahrgang 7 S. 668 Fall III.	34 Jahre.	Erste Schwangerschaft.	Linksseitig, liegt „unter dem linken Parametrium" (Sectionsprotocoll), bei der Laparotomie oben und vorn frei von Adhäsionen, mit Peritoneum bekleidete, bläuliche, glatte Oberfläche. Verwachsung mit der Flexura sigmoidea, einzelnen Schlingen des Dünndarmes und der hinteren Fläche des Uterus. Wandung an einzelnen Stellen sehr dünn.	Uterus mit dem Fruchtsack dicht zusammenhängend und stark nach rechts verschoben und zum Theil aus dem Becken erhoben, faustgross.
12	**Dreesen,** Monatsschrift f. Geburtskunde Bd. 31 S. 200 und Nr. 1 der oben beschriebenen Präparate.	35 Jahre.	3 regelmässige Geburten.	Linksseitig. Ovoid, mit dem unteren, den Kopf umfassenden Abschnitte im Becken, bis zur Mitte der rechten Scheidenwand hinabreichend, glatt, mit Serosa bekleidet mit Ausnahme zahlreicher Adhäsionsstellen mit Netz und Darm. Oben hinten durchscheinend dünn, unten und vorn bis mehrere Millimeter dick. Vorn unter dem bedeckenden Peritoneum dickes Lager gefäss- und muskelreicher Subserosa. Innenfläche glatt, von einer gelblichen, nirgends unterbrochenen Gewebslage ausgekleidet. 5 Ctm. grosse Communication mit dem Rectum 10 Ctm. oberhalb des Anus, ausserdem mehrere feine fistulöse Verbindungen mit der Flexura sigmoidea. Die Fruchtsackwand auch in dem mit dem Beckenzellgewebe unmittelbar sich berührenden Bezirke festgewebt und leicht isolirbar, meist reichlich glatte Muskelfasern enthaltend.	Dem Fruchtsack dicht angefügt, nach rechts verschoben und aus dem Becken herausgehoben. 11½ Ctm. lang. Das Peritoneum der hinteren Uterusfläche bis in die Nähe des Fundus und noch etwas über die Mittellinie hinaus durch den Fruchtsack abgehoben.

Tube.	Ovarium.	Lig. ovarii.	Lig. rotund.	Placenta.	Frucht.	Bemerkungen.
Linke Tube mit der oberen Fläche des Sackes verwachsen, leicht dilatirt. Das periphere Ende besitzt zahlreiche Taschen. Die Fimbrien sind nicht mehr nachzuweisen. (Wörtlich aus dem Sectionsprotocoll.)	Linkes Ovarium nach rechts und oben gezogen und mit dem Fruchtsacke verwachsen, sehr lang und dünn. Auf der Schnittfläche Corpora fibrosa und lutea.	—	—	Fast diffuse Placentarbildung (Pl. multiloba Hyrtl).	Ausgetragen, mässig macerirt.	Operations- und Sectionsbefund. Von Gusserow wird der intraligamentöse Sitz des Fruchtsackes anerkannt, dennoch Abdominalschwangerschaft angenommen, weil Ovarium und Tube vorhanden waren. Da ersteres unverändert, letztere aber, soweit die leider zu unbestimmten Angaben des Sectionsprotocolles erkennen lassen, an ihrem Abdominalende der Durchgängigkeit entbehrte, ferner das Ei nur bei Entwicklung im Eierstock oder der Tube in das Lig. lat. gelangen kann, so muss Tubenschwangerschaft bestanden haben.
Linke Tube in der Wandung des Sackes als erhabene Leiste schräg nach oben verlaufend, verliert sich nach aussen scheinbar vollständig in der Oberfläche, ist aber vom Uterus aus durchgängig und mündet 15 Ctm. nach aussen vom Uterus mit 1 Ctm. breitem Schlitz unter Uebergang ihrer Wandung in die des Fruchtsackes in letzteren ein.	Linkes Ovarium und Lig. ovarii nicht aufzufinden.		Auf der vorderen Wand des Fruchtsackes unter dem bedeckenden Peritoneum nach aussen unten verlaufend.	Nicht mehr nachzuweisen.	Schädel vollständig skelettirt. Tief gebender Zerfall der Weichtheile auf die dorsalen Flächen des Fruchtkörpers beschränkt. Frucht ausgetragen.	Sectionsbefund.

Nr.	Autor. Ort der Publi- cation.	Alter.	Frühere Geburten.	Fruchtsack.	Uterus.
13	**Spiegelberg,** Archiv für Gyn. Bd. 1 S. 406.	32 Jahre.	3 frühere Geburten.	Rechtsseitig. Von Grösse und Gestalt des hochschwangeren Uterus. Beinahe median gelagert. Am oberen Umfange kleine Perforationsöffnung. Adhäsionen hinten unten mit Dünndarm, rechts mit dem Cöcum, links mit Colon descendens u. Flexura sigmoidea, lockere mit der hinteren Wand des Douglasschen Raumes und der Blase. Fruchtsack im Lig. lat. Die vordere Lamelle eine grosse Strecke weit von der Sackwand abzupräpariren. Beide Lamellen biegen oben in einander um und vereinigen sich unter der tiefsten Stelle des Sackes wieder miteinander. Wanddicke 1 1/2—3Mm. Grosse und breite glatte Muskelfasern leicht und in Menge aus der Wandung darzustellen. Einzelne Muskelbündel gehen von der Uterinwand auf den Sack über.	12 Ctm. lang, mit dem Fruchtsack eng zusammenhängend.
14	**Litzmann,** Archiv für Gyn. Bd. 16 S. 324.	29 Jahre.	1 Geburt vor 4 Jahren.	Rechtsseitig, unter starker Verdrängung der Scheide tief ins Becken ragend. Vordere Wand dick, die hinteren und seitlichen Abschnitte stark verdünnt, vom Netz bedeckt, übrigens frei von Adhäsionen (bei der Laparotomie), Aussehen wie das eines schwangeren Uterus.	Faustgross. Fundus in Nabelhöhe, dem Fruchtsack dicht angefügt, die Grenze zwischen beiden durch pseudomembranöse Auflagerungen verdeckt.
15	**Martyn,** Transactions of the obstetr. soc. of London. Vol. VI p. 57.	34 Jahre.	1 Geburt vor 15 Jahren.	Im linken Lig. lat. überall mit Peritoneum bedeckt mit Ausnahme eines kleinen Bezirkes an der vorderen Wand, von Aussehen eines hochschwangeren Uterus, etwas nach links geneigt und zum Theil auf der Fossa iliaca sinistra liegend. Einige dünne Adhäsionen mit der hinteren Uteruswand, sonst Oberfläche frei. Wand dünn, stellenweise durchscheinend, nur entsprechend der Placentarstelle sehr vaskularisirt und verdickt. Die in der Wand verlaufenden zahlreichen grossen Gefässe kommen vom Uterus her.	7 1/2 Zoll lang, zufolge der beigegebenen Abbildung mit seinem ganzen linken Rande in breiter Verbindung mit dem Fruchtsacke.

Tube.	Ovarium.	Lig. ovarii.	Lig. rotund.	Placenta.	Frucht.	Bemerkungen.
Am frischen Präparat war die rechte Tube nicht aufzufinden, doch liess sich nach Erhärtung des ersteren vom Uterus aus eine Sonde in den Fruchtsack einführen. Die Mündung der Tube in den Fruchtsack ist etwas trichterförmig erweitert, jedoch nicht gleichmässig, sondern in einzelnen, fast treppenähnlichen Absätzen. Dieser Canal 1,5 bis 2 Ctm. lang.	Rechtes Ovarium der Sackwand anliegend ist zu einem 6 Ctm. langen, unebenen, weisslichen Körper zusammengedrückt, enthält einzelne linsengrosse Follikel, in deren einem ein Ei gefunden wurde.	Rechtes Lig. ovarii zu einem 8—10 Ctm. langen glatten Bande ausgedehnt.	Stark verdickt.	Ohne Besonderheit, sass an der vorderen Wand.	Ausgetragen, in II. Schädellage.	Autopsie.
Rechte Tube mit entfalteter Mesosalpinx auf der Oberfläche des Fruchtsackes verlaufend, sondirbar, mit Entfernung vom Uterus an Weite zunehmend, verläuft in geringen Schlängelungen 6 Ctm. nach aussen, wendet sich dann im Bogen 1½ Ctm. rückwärts, darauf wieder nach vorn, um in den Fruchtsack offen einzumünden.	Nicht gefunden. Das Präparat sollte unversehrt erhalten werden; weshalb eine weitere Nachforschung unterblieb.	—		Sass im Grunde des Fruchtsackes im Becken.	Ohne Fruchtwasser, comprimirt, sterbend durch Laparotomie entwickelt.	Operations- und Sectionsbefund.
Linke Tube enorm verlängert, auf der oberen Fläche des Fruchtsackes verlaufend, vollständig durchgängig. „Das Fimbrienende" verliert sich in der Fruchtsackwand.	Nahe der Tubenendigung kleiner runder Körper. An demselben findet sich keine Ovarialstructur.	Lig. ov. sin. von normaler Länge, führt direct zur Fruchtsackwand.	Insertion entsprechend dem Ansatz des Lig. ovarii, also an der hint. Wand, nimmt circa die Hälfte d. Innenfläche d. entleerten Sackes ein.	—	Reif, in die Bauchhöhle ausgetreten.	Ruptur am Ende der Schwangerschaft. Patientin hatte bis zum Eintritte der Ruptur nicht das Bett gehütet.

Nr.	Autor. Ort der Publication.	Alter.	Frühere Geburten.	Fruchtsack.	Uterus.
16	Fränkel, Arch. f. Gyn. Bd. 16 S. 299.	32 Jahre.	Vor 4 Jahren 1 Geburt, dann noch 1 Abort.	Im rechten Lig. lat. vom Netz bedeckt, muskulös aussehend. Der vordere und rechte Umfang fast ohne Adhäsion, mit glatter seröser Oberfläche. Hintere Wand stark verdünnt, mit dem Peritoneum der hinteren rechten Beckenwand theils durch flächenhafte, aber lösbare, theils durch strangförmige Adhäsion verbunden. Flächenhafte Verbindung der hinteren Sackwand mit der ganzen hinteren Uterusfläche, bis auf den Anfangstheil des linken Lig. lat. übergreifend (nach meiner Untersuchung des Präparates durch Einschiebung des Fruchtsackes zwischen Muscularis uteri und seinen serösen Ueberzuge bedingt), ebenso mit der vorderen Mastdarmwand. Fruchtsack tief ins Becken ragend unter starker Verdrängung des Rectum nach links. Vom Uterus gehen direct Muskelfaserzüge in die Sackwand über. Gleichmässig glatte, gefaltete, schleimhautartige Auskleidung der Fruchtsackhöhle, soweit nicht Placentarreste anhaften. In dickeren Theilen der Fruchtsackwand neben reichlichem fibrillären Bindegewebe glatte Muskelfasern. Die Dicke der Sackwand variirt von 0,3—1 Ctm. Auf dem Durchschnitt lamellöse Schichtung.	Uterus 11,5 Ctm. lang, hoch aus dem Becken herausgehoben und mit seinem rechten Rande dem Fruchtsack dicht angefügt.

Berührung zusammentreten: auch in Fall 4 schien der unterste Abschnitt des Fruchtsackes mit Ausnahme eines kleinen Bezirkes noch von der Serosa des entfalteten breiten Mutterbandes bekleidet. Kommt es zu weiterer Abhebung des Peritoneum, so erstreckt sich diese wohl zunächst auf das Peritoneum der hinteren Uterusfläche und der Fruchtsack geräth dann in eine besonders enge Verbindung mit dem Uterus. Dieses war der Fall in Nr. 12 und 16 und ist wohl noch bei mehreren Fällen zu vermuthen, wo von breiter Verwachsung zwischen Fruchtsack und hinterer Uterusfläche die Rede ist. Auch eine von der hinteren Lamelle des Ligamentum latum fortschreitende Abhebung des Peritoneum vom Boden des Douglas'schen Raumes und der vorderen Mastdarmwand ist einige Male angegeben, einmal ist ferner eine theilweise Entfaltung des Mesocolon flexurae sigmoideae notirt.

Tube.	Ovarium.	Lig. ovarii.	Lig. rotund.	Placenta.	Frucht.	Bemerkungen.
Rechte Tube in der vorderen Wand des Sackes 4 Ctm. weit mit erhaltenem Lumen verfolgbar, dann blind endigend. Infundibulum nicht nachweisbar.	Nicht aufzufinden.		Unter den vorderen Bedeckungen des Fruchtsackes, dünner als das linke.	Hinten unten inserirt, nekrotisch.	Reifer Knabe in vorgeschrittener Maceration.	Operations- und Sectionsbefund. Durch die Freundlichkeit des Herrn Dr. E. Fränkel wurde mir eine Besichtigung des noch in der Sammlung des allgemeinen Krankenhauses zu Hamburg befindlichen Präparates ermöglicht. Ich konnte mich durch eigene Untersuchung von dem sicher intraligamentösen Sitze des Fruchtsackes überzeugen. Einige bei dieser Besichtigung gewonnene Daten, welche in der Fränkel'schen Darstellung nicht berücksichtigt waren, habe ich in die vorstehenden Angaben über den Befund am Fruchtsacke mit aufgenommen.

Bei dem Hervorgehen des Fruchtsackes aus dem ampullären äusseren Theile der Tube ist die Richtung, in welcher die Entfaltung des Ligamentum latum stattfindet, im Allgemeinen gegeben. Sie schreitet, vom oberen äusseren Winkel des Bandes beginnend, sowohl gegen dessen Basis als auch nach dem Uterus hin fort, erreicht diesen aber, nach den Befunden in Nr. 1 und 3 zu urtheilen, verhältnissmässig spät, denn hier war bei 4 resp. 4½ monatlicher Dauer der Schwangerschaft noch ein dem Uterus benachbarter, wenn auch schmaler Bezirk des Ligamentum latum von der Entfaltung verschont geblieben, während in beiden Fällen in der Richtung gegen das Beckenzellgewebe bereits die Grenzen des Ligamentam latum überschritten waren.

Sehr früh, wie leicht einzusehen, bedeckt sich der Fruchtsack mit den Blättern der Mesosalpinx und schiebt er sich dicht unter dem medianen, unverbrauchten Abschnitte der Tube hin gegen den Uterus vor, so dass ersterer in unmittelbare Berührung mit dem Fruchtsacke geräth und unter dem bedeckenden Peritoneum zuweilen gar nicht, oder nur als flache Leiste hervortritt.

Wenn auch ursprünglich nur ein accessorischer Bestandtheil der Wand, bleibt die Serosa des Ligamentum latum doch in den der Dehnung am meisten ausgesetzten Theilen des Fruchtsackes oft nur allein erhalten, während hier Muscularis tubae und subseröses Gewebe schon früher schwinden. Der Ort der stärksten Dehnung ist in der Regel am hinteren und oberen Umfange, wie man dies auch bei andersartigen Tumoren im Ligamentum latum nicht selten beobachtet. Hier kann die Wand bis zur Durchsichtigkeit verdünnt sein, während sie vorn und unten eine zuweilen erhebliche Dicke bewahrt. In einem Fall (7) war die hintere Lamelle des Ligamentum latum so überwiegend von der Dehnung betroffen, dass das Ovarium auf der vorderen Fläche des bis zur 32. Woche gelangten Fruchtsackes, zwischen dem oberen und mittleren Drittel der vorderen Wand, gefunden wurde. In vier Fällen von Ruptur des Fruchtsackes lag die Durchbruchstelle einmal oben, zweimal hinten, nur einmal war die vordere Wand in einem 5 Mm. grossen Bezirke am stärksten verdünnt und hier geborsten. In zwei Fällen (6—9) waren die oberen Abschnitte des Fruchtsackes entweder ungewöhnlich hochgradig verdünnt oder selbst völlig zum Schwunde gebracht, da nach der Angabe der betreffenden Autoren hier der Eisack nur von Häuten gebildet war, während das untere im Becken gelegene Segment des Fruchtsackes, welches die Placenta enthielt, eine ziemlich dicke Wand besass.

Das subseröse Gewebe ist wohl von vornherein in ungleicher Weise über die Oberfläche des Fruchtsackes vertheilt, denn es folgt, während dieser die Lamellen des Ligamentum latum von einander drängt, wohl in der Regel die Hauptmasse des Zwischengewebes dem vorderen Blatte. — Im Falle 12 bildete die zwischen vorderer Wand des Tubarsackes und dem bedeckenden Peritoneum gelegene Subserosaschicht eine mächtige Lage von Binde- und Muskelgewebe mit zahlreichen und weiten Gefässen. Das Gleiche sah ich im Fall 16 und ebenso findet sich noch mehrfach angegeben, dass vorn der seröse Ueberzug sich leicht von der eigentlichen Fruchtsackwand trennen liess, — ein Verhalten, das auf das Vorhandensein einer lockeren und wohl ziemlich mächtigen Zwischenschicht hinweist. Hier also lässt sich recht häufig (nicht immer — s. Nr. 4) von den aufgelagerten Schichten die eigentliche von der Tube selbst stammende Wand des Fruchtsackes sondern und isolirt darstellen; desgleichen bildet eine scharfe Abgrenzung desselben in den basalen, an das Beckenzellgewebe angrenzenden Partien gewiss die Regel, wofern nicht, wie in Fall 1, ausnahmsweise die an dieser Stelle inserirte Placenta die Wand durchwachsen und ihre Elemente zum Schwund gebracht hatte. In Fall 12 fand ich vorn und am Grunde des Sackes die von den angrenzenden Gewebe leicht zu isolirende Wand mehrere Millimeter dick, festgewebt und der Hauptmasse nach aus glatten Muskelfasern gebildet. Die sonstigen Angaben über die Dicke der Wand an den verschiedenen Theilen des Frucht-sackes leiden an dem Mangel, dass sämmtliche, auch die accessorischen Schichten mitgerechnet sind, worauf wohl meist die hier und da sich findende Angabe einer ungewöhnlich bedeutenden Wanddicke zu-rückzuführen ist.

In neun Fällen ist **Muskulatur** als Bestandtheil der Sackwand verzeichnet. Meist war sie reichlich vorhanden, bildete vorwiegend oder fast ausschliesslich die Wandung an den dickeren Partien des Fruchtsackes, oder war auch reichlich mit fibrillärem Bindegewebe durchsetzt. Wie weit sie in diesen Fällen sich von der Muscularis tubae selbst herleitete, oder aber dem subserösen Gewebe des Ligamentum latum angehörte, ist für die Mehrzahl der Fälle nicht zu entscheiden. In vier Fällen, wo ein directer Uebergang von Muskulatur aus den obersten Schichten des Uterus auf den Fruchtsack vermerkt ist, muss wenigstens ein Theil der muskulösen Elemente in der Sack-wand sicher der Subserosa zugesprochen werden.

Das Verhalten des **Uterus** ist analog dem bei andersartiger intraligamentöser Geschwulstbildung bekannten. Nach vollendeter Entfaltung des Ligamentum latum (nicht vor der Mitte der Schwanger-schaft, s. Fall 1 und 3) findet sich der Uterus seitlich und vorn dem Fruchtsack eng verbunden und durch den Zug des von ihm auf den oberen Pol des Sackes übergehenden Peritoneum aus dem Becken, oft bis zu beträchtlicher Höhe (bis zum Nabel im Fall 14) herausgehoben. Die in der Regel vorhandene Vergrösserung des Organs kommt in frischen Fällen grösstentheils auf Rechnung der Schwangerschaftshypertrophie, fast überall aber macht sich der Ein-fluss der Zerrung, welchem der Uterus seitens des wachsenden Fruchtsackes ausgesetzt war, noch ausserdem geltend durch vorwiegende Zunahme in der Längsrichtung, von der namentlich der Halstheil sich betroffen zeigt. In einem Falle (4) war der Uterus über den dem Fruchtsacke abgewandten Rande eingebogen und durch Auszerrung des der schwangeren Tube zugehörenden Hornes im Fundus asymmetrisch geworden.

Die geschwängerte Tube war in der Mehrzahl der Fälle mit ihrem grössten Theile in der Bildung des Fruchtsackes aufgegangen, so dass der unverbrauchte Rest vom Uterus anfangend nur wenige Centimeter lang gefunden wurde. Doch betrug andererseits die Länge einmal 15 Ctm. (Fall 12), einmal 6 Zoll englisch (Fall 9), einmal wird dieser Theil als enorm verlängert bezeichnet (Fall 15), woraus folgt, dass bei intraligamentöser Eientwicklung ein Bruchtheil der Tube wenigstens genügen kann, als Fruchthalter bis in die letzte Zeit der Schwangerschaft zu dienen. Allerdings ist dabei die Möglichkeit nicht ausser Acht zu lassen, dass durch Zug und Wachsthum im Laufe der Schwangerschaft ein ursprünglich kleiner unverbrauchter Theil der Tube zu nicht geringen Dimensionen gelangt.

In acht Fällen, wo die Tube auf ihre Durchgängigkeit untersucht ist, fand sich dreimal offene Einmündung derselben in die Höhle des Fruchtsackes, einmal die runde trompetenförmige Oeffnung durch die Placenta verlegt. In vier weiteren Fällen endete der Tubencanal blind in der Wand des Fruchtsackes, davon dreimal an der Stelle des Placentarsitzes.

Dass das Fimbrienende bisher noch in keinem Falle aufzufinden war, kann nicht Wunder nehmen, wenn man bedenkt, dass bei der Nähe des Eisitzes und unter dem Einfluss der von diesem abhängigen Reizung eine Verlöthung der Fimbrien gewiss so leicht nicht ausbleiben wird und dann bei fortschreitendem Wachsthum des Fruchtsackes die Dehnung des bedeckenden Peritoneum ein völliges Verstrichenwerden der verschmolzenen Franzen nothwendig zur Folge haben muss.

Von dem Ovarium wird siebenmal ausdrücklich gesagt, dass es nicht aufzufinden war, einmal ist ferner aus Rücksicht auf unversehrte Erhaltung des (später verdorbenen) Präparates auf genauere Nachforschung verzichtet (14). In einem Falle bleibt es zweifelhaft, ob ein nahe dem Tubenansatz am Fruchtsack gelegener, kleiner ovaler Körper das Ovarium sei, weil deutliche Ovarialstructur nicht nachgewiesen werden konnte. Das Verhalten des Eierstockes ist in diagnostischer Hinsicht von grosser Wichtigkeit, denn sein Vorhandensein in makroskopisch unverändertem Zustande und isolirt resp. isolirbar von der Fruchtsackwand beweist zunächst sicher seine Nichtbetheiligung an der Bildung des Fruchtsackes (sein Fehlen nicht nothwendig, dagegen s. u.).

In drei Fällen wurde das Ovarium äusserlich normal und ohne nähere Beziehungen zur Wand des Fruchtsackes angetroffen, in drei anderen dagegen hatte dasselbe unter dem Einflusse der Fruchtsackbildung erhebliche Gestaltveränderungen erlitten. In einem Fall (13) war der Eierstock der Sackwand anliegend, zu einem 6 Ctm. langen, unebenen, weisslichen Körper zusammengedrückt (ausgezogen?), der einzelne linsengrosse Follikel enthielt; in einem zweiten Fall (11) war der Eierstock auf dem im linken Ligamentum latum gelegenen Fruchtsacke nach rechts oben gezogen, sehr lang und dünn, in einem dritten endlich (2) in zwei verdünnt auseinander laufende Lappen getheilt, welche dem oberen Umfange des 4½ Monate alten Fruchtsackes auflagen. Es handelt sich hier um Wirkungen des Zuges, welcher bei zunehmender Ausdehnung des Ligamentum latum und sobald das Ovarium in den Bereich dieser Dehnung geräth, auf den angewachsenen Rand desselben ausgeübt werden muss. Da die Entfaltung des Bandes von aussen nach innen fortschreitet, so wird, namentlich bei ursprünglich geringer Grösse des Abstandes zwischen Ovarium und Uterus, die Zugwirkung zuerst an dem äusseren Pole des Eierstockes angreifen und an diesem sich in der Richtung seiner langen Axe fortpflanzen, das Ovarium also in die Länge gezogen werden. Befindet sich aber der Eierstock mit der ganzen Länge seiner Ansatzlinie am Ligamentum latum unter der Wölbung des Fruchtsackes, so wird leicht nach Entfaltung und Einbeziehung des Mesovarium in die peritoneale Bedeckung des Fruchtsackes die Fortpflanzung des hieraus resultirenden Zuges nicht bloss in der Richtung von Pol zu Pol, sondern auch in der darauf senkrechten, sagittalen Richtung sich geltend machen und unter zunehmender Verbreiterung des Hilus das Ovarium abgeflacht und in eine breite Lamelle ausgezogen werden. Dieser Befund, welcher bei der Artbestimmung einer Extrauterinschwangerschaft leicht auf falsche Fährte leiten kann (scheint doch mit ihm das eine von Spiegelberg für Ovarialschwangerschaft verlangte Beweismoment, nachweisbares Vorhandensein von Eierstockselementen in der Wand des

Fruchtsackes geliefert), ist ja nun durchaus nicht unbekannt und der intraligamentösen Schwangerschaft eigenthümlich, sondern überhaupt zu beobachten, wo unabhängig vom Eierstock Geschwulstbildung im Ligamentum latum unter vollkommener Entfaltung wenigstens der oberen Abschnitte des Bandes stattfindet. Am leichtesten wird eine solche Umgestaltung des Ovarium bei Parovarialcysten beobachtet und ist hier auch schon mehrfach beschrieben. In zwei Fällen von einfachem Parovarialkystom, die Fischel beschreibt (Arch. f. Gyn. Bd. 15, S. 200), fand sich das Ovarium in die Länge und auf die Oberfläche der Cyste hinaufgezogen, in dem einen 7 Ctm. lang, 5 Ctm. breit und nur 1 Ctm. hoch. Bei einer Parovariotomie beobachtete ich eine erhebliche Verlängerung des mit seinem lateralen Theil auf die Cystenoberfläche übergewanderten Eierstockes und bei einer anderen fand ich den Eierstock vollkommen aufgerollt in Gestalt einer dünnen, über die Oberfläche der Umgebung kaum prominirenden Platte, die ebenso wie die angrenzenden Serosa von dem unterliegenden Cystenbalge leicht abgelöst werden konnte. (Arch. f. Gyn. Bd. 15 S. 435.)

Hinsichtlich der Lage, in welcher der Eierstock gefunden wurde, resp. in einem fraglichen Falle gesucht werden müsste, lässt sich unseren Fällen dieses entnehmen: Zweimal (3 und 11) zeigte er eine ausgesprochene Frontveränderung, sagittale Richtung seiner langen Axe oder selbst noch stärkere Divergenz mit dem Tubenreste — eine Drehung, die in der uterinwärts fortschreitenden Dehnung des Peritoneum zwischen Eierstock und Tube begründet ist. In einem Falle (2) lag das Ovarium in Scheitelhöhe des Fruchtsackes, einmal sogar an dessen Vorderseite, eine Dislocation, die sich, wie bereits oben angegeben, nur aus einer ausserordentlich starken Dehnung und Flächenvermehrung des hinteren Serosablattes, vom Eierstockshilus abwärts, verstehen lässt. In welchem Grade ferner der Eierstock vom Uterus in Folge der Ausdehnung des zwischen beiden gelegenen Theiles des Ligamentum latum abgedrängt werden kann, ergiebt sich aus Fall 13, wo das Ligamentum ovarii zu einem 8—10 Ctm. langen platten Bande ausgezogen war.

Die besprochenen Orts- und Gestaltsveränderungen, welchen der Eierstock der schwangeren Seite in Folge seiner engen Verbindung mit der serösen Umhüllung des Fruchtsackes ausgesetzt ist, machen es allein schon erklärlich, dass er in einer so grossen Zahl von Fällen der Nachforschung entging, ganz abgesehen davon, dass Complicationen, wie entzündliche Prozesse in der Umgebung des Fruchtsackes, Verwachsung mit den angrenzenden Theilen etc. auch ihrerseits genügen können, die Spuren des Eierstockes zu vertilgen. Deshalb gehen diejenigen Autoren nothwendig fehl, welche in dem Nichtvorhanden- oder Nichtnachweisbarsein des Eierstockes schon einen Beweis für die ovarielle Herkunft eines extrauterinen Fruchtsackes erblicken. Ueberhaupt, finde ich, wird noch vielfach nebensächlichen Umständen des Befundes für die Begründung dieser oder jener Diagnose ein Werth beigemessen, der ihnen nicht zukommt. So gilt Vielen der Nachweis glatter Muskulatur, in der Wand des Fruchtsackes, bei ausgeschlossener Nebenhornschwangerschaft, als wichtiges Criterium eines Ursprungs aus der Tube, während, wie sich aus dem oben Gesagten ergiebt, bei intraligamentöser Lage des Sackes in den Hüllen desselben sich Muskulatur befinden kann, vom Zwischengewebe des breiten Mutterbandes herrührend, gleichviel ob das Ei im Ovarium oder in der Tube zur Entwicklung kam.

Handelt es sich um einen zwischen den Blättern des Ligamentum latum gelegenen Fruchtsack, ein Fall, bei welchem die Diagnose doch nur zwischen Eierstocks- und Tubarschwangerschaft schwanken kann (über Tubo-Ovarialschwangerschaft s. u.), so muss ausschliesslich massgebend das Verhalten der Tube sein und die Entscheidung in diesem oder jenem Sinne getroffen werden, je nachdem die Tube mit Einschluss des Pavillon an der Bildung des Fruchtsackes unbetheiligt, oder im Gegentheil ein wirkliches Ueber- und Aufgehen derselben in der Sackwand nachgewiesen wird.

Bei **unterbliebener Entfaltung** des Ligamentum latum durch den Fruchtsack gestalten sich die anatomischen Verhältnisse im Ganzen sehr viel einfacher, als bei der vorher betrachteten Form der ampullären Schwangerschaft, auch wenn die Schwangerschaft bis in die späteren Monate fortschreitet oder selbst ihr gesetzmässiges Ende erreicht.

Ich gebe eine kurze Darstellung der hier interessirenden Befunde, wieder unter Vorlegung des hauptsächlich benutzten Materiales, welches dreizehn meiner Meinung nach in Bezug auf tubaren Sitz des Eies zweifelfreie Fälle umfasst, die in dem beigefügten Verzeichniss B. zusammengestellt sind. Die Dauer der Schwangerschaft gerechnet bis zum Tode der Frucht, resp. bis zu der operativen Entfernung der noch lebenden Frucht, betrug in dieser Reihe mindestens 6 Monate (zweimal), viermal war die Frucht voll ausgetragen.

Verzeichniss B. 13 Fälle von gestielter Tubenschwanger-

Nr.	Autor. Ort der Publication.	Alter.	Frühere Geburten.	Fruchtsack.	Uterus.
1	Litzmann, Arch. f. Gyn. Bd. 16 S. 336.	35 Jahre.	4 regelmässige Geburten.	Rechtsseitig, liegt im Douglas'schen Raume, verwachsen aber lösbar, füllt den Beckenraum fast vollständig aus, die Scheide gegen die vordere Beckenwand dicht andrängend.	13,8 Ctm. lang, aus dem Becken herausgehoben und etwas nach links verschoben.
2	Braxton Hicks, Transactions of the obst. soc. of London Vol. XXII.	29 Jahre.	2 Geburten vor 7 und 4 Jahren.	Sehr dünnwandig, von links oben nach rechts unten gelagert, an benachbarten Eingeweiden adhärent, vorn in breiter Verbindung mit der Bauchwand (Placentarstelle). Der untere Theil zwischen Blase und Uterus nach links im Becken gelegen; stand in Verbindung mit der rechten Tube.	Cricketballgross, mit stark verdickter Wandung, torquirt, vordere Fläche nach links gedreht, tief im Becken, mit dem Orif. externum aus der Vulva hervorragend.
3	Dönitz, Berl. klin. Wochenschrift 1883 S. 380.	28 Jahre.	Erste Schwangerschaft.	Rechtsseitig, mannskopfgross, vorwiegend in der rechten Bauchseite gelegen, leicht verschiebbar, zum Theil sehr brüchige, dünne Wandung. Adhäsionen mit dem Netz und der rechten Nierengegend, hing übrigens frei am Ligamentum latum.	Mässig verlängert, stark nach links verdrängt und etwas nach rechts torquirt.

schaft sechsten bis zehnten Monates.

Tube.	Ovarium.	Lig. ovarii.	Lig. rotund.	Placenta.	Frucht.	Bemerkungen.
Die rechte Tube verläuft vom Uterus 4 Ctm. nach aussen transversal, biegt dann nach hinten in den Fruchtsack um. An der Umbiegungsstelle nicht durchgängig, dann unter zunehmender Erweiterung in den Fruchtsack übergehend. Der vor letzterem gelegene weitere Theil mit halbmond- und ringförmigen Falten besetzt.	Rechtes Ovarium nahe dem Uterus zwischen dem Lig. lat. und dem ihm adhärirenden Fruchtsacke.	—	—	Den Fruchtsack grösstentheils ausfüllend, mit Extravasaten durchsetzt.	Der Tragzeit nach 6 Monate alt, 19 Ctm., geschrumpft, stark comprimirt, mit unverhältnissmässig grossem plattgedrücktem Kopfe.	Sectionsbefund.
Rechte Tube 9 Zoll lang, kleinfingerdick, kreuzt sich mit der vorderen Uteruswand, wo sie an einem dieser aufsitzenden Fibroide adhärirt. Sie zieht nach links bei der Blase vorbei und verliert sich in losem Gewebe unter der vorderen Wand des Fruchtsackes. (Placentarstelle.) Linksseitige Adnexa unverändert, lose unter dem Fruchtsacke gelegen.	Das rechte Ovarium an der rechten Seite des Fruchtsackes ansitzend, gross, enthält das Corpus luteum verum.	—	—	Gross, leicht abzulösen. Centraler Bluterguss zwischen Placenta und Fruchtsack resp. Bauchwand. Ihr Sitz erstreckt sich aufwärts bis zum Nabel. In der Umgebung grosse Venen in der Parietalserosa.	6 Monate alt.	Laparotomie. Tod. Sectionsbefund. Der Fall wird von Braxton Hix für Abdominalschwangerschaft erklärt und für das Vorkommen einer solchen als sehr beweisend betrachtet. (!)
Das peripherische Ende in der Länge von 2 Zoll am Fruchtsack befindlich, normal.	Das rechte Ovarium am Lig. lat. bei der Operation mit abgetragen, normal.	—	—	Nicht mehr nachzuweisen.	Vom Ende des siebten Monates. Zerfallen. Kopf und Thorax schon grösstentheils skelettirt.	Untersuchungs- resp. Operationsbefund. Laparotomie 16 Monate nach erfolgter Conception.

Nr.	Autor. Ort der Publication.	Alter.	Frühere Geburten.	Fruchtsack.	Uterus.
4	Litzmann, Arch. f. Gyn. Bd. 19 S. 343 und Bd. 16 S. 96.	35 Jahre.	6 regelmässige Geburten, letzte vor 6 Jahren.	Rechtsseitig, ganz oberhalb des Beckens. Anfangs vorwiegend in der rechten Seite gelegen. Bei fortschreitendem Wachsthum stärkere Ausdehnung nach links hinüber. Vordere Wand reichlich ½ Ctm. dick, derb. Vor der Operation wurden zu wiederholten Malen Contractionen am Fruchtsacke wahrgenommen. Adhäsionen bestanden nur in einem schmalen Bezirk in der Umgebung der Linea alba.	Vergrössert, im Becken gelegen, nach rechts und hinten geneigt.
5	Sulugin, Centralbl. f. Gynäkologie 1884 Nr. 34.	20 Jahre.	1 Geburt vor 2 Jahren. Conception, während das Erstgeborene noch gestillt wurde.	Rechtsseitig. Totale, aber lockere Verwachsung mit der vorderen Bauchwand, ebenso mit den angrenzenden Eingeweiden, festere Verbindung mit dem hinteren Blatte des rechten Lig. lat. zwischen Tube und Eierstock. Fruchtsack oberhalb des Beckens in medianer Lage, erstreckte sich mit einem Segment in das Becken und war hier rechts hinten mit dem Uterus breit verbunden.	Uterus 10 Ctm. (Sonde). Corpus uteri nach links vorn, Portio vaginalis hochstehend, in der Beckenaxe.
6	Henningsen, Arch. f. Gyn. Bd. 1 S. 335 und Nr. 2 der oben beschriebenen Präparate.	37 Jahre.	5 Geburten, letzte vor 1 Jahr.	Entspringt frei vom Lig. lat. dextr. Wand von sehr ungleicher Dicke, bis ½ Ctm., enthält neben meist vorwiegendem Bindegewebe auch glatte Muskulatur. Fruchtsack nur in geringer Ausdehnung um eine in der Nabelgegend bestehende Perforationsöffnung an der Bauchwand adhärent, ausserdem Adhäsionen mit der Harnblase, Cöcum und Colon ascendens. Der Fruchtsack bei der Autopsie mit seinem unteren Theil im Becken gelegen, zeigte während der mehrjährigen Beobachtung grosse Beweglichkeit und wich bei intercurrenter Schwangerschaft vor dem wachsenden Uterus nach der rechten Seite aus, um nach Entleerung des Uterus wieder in die frühere nach links oben gehende Richtung zurückzukehren.	Nur das Corpus uteri an Spirituspräparate vorhanden. Masse: Fundusbreite 5 Ctm., Länge des Körpers 6,6 Ctm. Der Uterus fand sich bei der Autopsie 5 Ctm. vom Fruchtsack entfernt, links von demselben in retrovertirter Lage tief im Becken.

Tube.	Ovarium.	Lig. ovarii.	Lig. rotund.	Placenta.	Frucht.	Bemerkungen.
Bei einer zweiten von mir ausgeführten Operation zur Radicalheilung einer grossen nach Incision des Fruchtsackes entstandenen Bauchhernie fand sich das rechte Lig. lat. mit dem Tubenstumpf an der Bauchnarbe adhärent. Der Tube fehlte in einem der Narbe nächst gelegenen Bezirke ein einheitliches Lumen, statt dessen fanden sich auf dem Querschnitt in grösserer Zahl feinste, mit Epithel ausgekleidete Gänge.	Rechtes Ovarium hämorrhagisch destruirt.	—	—	Placenta an der vorderen Wand. Insertio velamentosa.	Der Tragzeit nach der 32ten Woche angehörend. Beginnende Maceration. 36 Ctm. 850 Gr.	Operationsbefund.
Rechte Tube vorn unten auf dem Fruchtsack verlaufend „war nicht verändert".	Rechtes Ovarium etwas vergrössert.	—	—	Hufeisenförmig. Das schmale (3 Ctm.) Mittelstück entsprach dem Ansatz des Sackes am Lig. lat. Die ganze Placenta mit dem Fruchtsacke fest verbunden, von alten Extravasaten durchsetzt. Nabelschnur 38 Ctm. lang.	Männlich. 43 Ctm. 1550 Gr. Kopf quer zusammengepresst.	Operationsbefund. Trotz des Vorhandenseins eines in sich geschlossenen exstirpirbaren Fruchtsackes u. nachgewiesenen Ursprunges desselben vom Lig. lat. bei unverändertem Ovarium lautet die Diagnose auf Abdominalschwangerschaft.
Rechte Tube in der Länge von 4,7 Ctm. erhalten, geht direct in die Sackwand über. In dem mittleren Theil ziemlich weites Lumen. Weiter nach aussen Tubenquerschnitt fein siebförmig, die Mehrzahl der Lumina rund, von deutlicher Gefässwand umgeben, ein kleiner Theil unregelmässig und nur von lockerem Bindegewebe begrenzt. Infundibulum tubae am Fruchtsack nicht aufzufinden.	Rechtes Ovarium nicht sicher nachweisbar. Eine nach Gestalt und Grösse demselben gleichende Gewebsmasse, aber ohne charakteristische Ovarialelemente. Am hinteren unteren Umfange des Fruchtsackes nahe der Insertion am Lig. lat.	Nicht vorhanden.	Nicht nachweisbar.	Nicht mehr vorhanden. Innenfläche des Fruchtsackes rauh und zottig (Placentarstelle) entsprechend dem Ansatz der Tube am Fruchtsack.	Nahezu ausgetragen. Weichtheile an den dorsalen Flächen grösstentheils zerfallen. Die Frucht wurde noch 3 Jahre nach ihrem Tode getragen.	Sectionsbefund.

Nr.	Autor. Ort der Publication.	Alter.	Frühere Geburten.	Fruchtsack.	Uterus.
7	Hofmeier, Zeitschrift für Geburtshülfe und Gynäk. Bd. 6.	33 Jahre.	5 Geburten, letzte vor 3 Jahren.	Linksseitig. Bei der Laparotomie zeigt sich der Fruchtsack nur im unteren Theile mit der Beckenwand verwachsen, sonst frei in die Bauchhöhle vorragend. Die Fruchttheile durchscheinend. Die Fruchtsackwand gebildet von (Verwachsung derselben mit) links dem Mesenterium des Dünn- und Dickdarms, rechts dem Cöcum und alten Adhäsionen. Nach unten ist der Sack mit der hinteren Blasenwand verwachsen und „zieht über den Douglasschen Raum fort".	11 Ctm. Sondenlänge, nach hinten gelegen, links neben und auf ihm war bei der Untersuchung deutlich ein grösserer Fruchttheil fühlbar.
8	Depaul, Arch. de Tocol. Tome II Obs. 9.	35 Jahre.	1 Geburt vor 17 Jahren.	Linksseitig. Lange Axe von rechts oben nach links unten. Zahlreiche Verwachsungen mit der vorderen, seitlichen und hinteren Bauchwand, wenig ins Becken hineinragend. Wandung sehr dick, stellenweise bis 16 Mm. Mikroskopisch: In Maschen angeordnete Muskulatur. In den Interstitien zum Theil fetthaltiges Bindegewebe.	Tief im Becken nach rechts hinten geneigt. 11 Ctm. lang.
9	Litzmann und Werth, Arch. f. Gyn. Bd. 18 .S. 1 und 14.	35 Jahre.	Erste Schwangerschaft. Concipirte bald nach der Hochzeit.	Rechtsseitig. Ueber dem Becken gelegen, dem Lig. lat. frei entspringend, enthält in dem untersten mässig dickwandigen Abschnitte die Placenta; der übrige Theil, durch eine Furche von ersterem getrennt, umschliesst eng die Frucht resp. ist mit einem grossen Theil derselben verwachsen und besteht fast nur aus den Eihäuten mit einer feinsten Umhüllungsschicht. Einzelne Adhäsionen mit dem Netze, der Placentartheil locker mit der vorderen Bauch- und Beckenwand verklebt.	Mässig vergrössert, etwas beweglich, nach rechts geneigt horizontal im kleinen Becken gelegen.
10	Bandl, Wiener medic. Wochenschrift 1874 Nr. 32.	35 Jahre.	2 Geburten, letzte vor 2½ Jahren.	Rechtsseitig. Fehlt über der frei in der Bauchhöhle gelegenen Frucht. Die Placenta in einer Kapsel, deren Wand 3—4 Linien dick und die theils auf der Darmbeinschaufel lag, theils in das Becken hineinragte. An derselben, etwas unter dem Niveau des Beckeneinganges, rundes zollbreites Loch mit scharfem Rande, aus welchem der Nabelstrang hervorkam und an dessen Rändern sich die zarten, einer früheren Entwicklungszeit angehörenden Eihäute hervorbauschten.	Links gelegen, 5 Zoll lang, überragte den Beckeneingang um drei Zoll.

Tube.	Ovarium.	Lig. ovarii.	Lig. rot.	Placenta.	Frucht.	Bemerkungen.
Linke Tube eine ganze Strecke weit frei flottirend über dem Fruchtsack, dann in ihm sich verlierend. An der Innenfläche des Fruchtsackes, entsprechend der Ansatzstelle der Tube, flacher, längs ovaler Defect. Die Tube nur bis zum Eisack durchgängig.	Linkes Ovarium eitrig infiltrirt, sonst frei.	Lig. ov. sin. bis zum Fruchtsacke zu verfolgen und mit ihm verwachsen.	—	An der vorderen unteren Wand des Fruchtsackes sehr ausgebreitet und festhaftend.	Lebend. 46 Ctm. 2360 Gr. Kopfumfang 33,5 Ctm.	Laparotomie. Sectionsbefund.
Linke Tube an der vorderen Fruchtsackwand nach aussen aufsteigend. Länge des erhaltenen Stückes 3 bis 4 Ctm. „On ne peut distinguer que quelques débris de son pavillon." Eine eingeführte Sonde dringt leicht in das Innere des Fruchtsackes.	Beide Eierstöcke der rechten Seitenwand des Fruchtsackes anliegend.	—	—	Zersetzt, in einzelnen Stücken lose im Fruchtsacke gelegen.	Faul, ausgetragen.	Sectionsbefund.
Die rechte Tube endet am Lig. lat. verlaufend mitten auf der convexen unteren Fläche des Fruchtsackes über der Placenta. Das Infundibulum am Rande des die Placenta enthaltenden Abschnittes.	Rechtes Ovarium frei am Lig. lat. 2—3 Ctm. von dem Ansatz des Lig. lat. entfernt.	—	—	Comprimirt, mit altem Blute durchsetzt.	Reif, grösstentheils mit den Eihäuten verwachsen, trocken, wohl erhalten.	Frucht 9 Monate nach ihrem Absterben getragen. Operationsbefund.
Rechte Tube mit dem Ovarium an der Placentarkapsel angelöthet.	Rechtes Ovarium um die Hälfte kleiner, als normal.	—	—	Bildete mit ihrer Eihautfläche und der umgebenden Kapsel eine glattwandige Höhle, die man mit dem Finger austasten konnte.	8 Pfund 4 Loth schwer, 21 Zoll lang. Durch unmittelbar nach dem Tode der Mutter ausgeführte Laparotomie sterbend zur Welt gebracht.	Sectionsbefund. Bauchumfang 125 Ctm. Ausgedehnte Fluctuation. Trüb-seröse Flüssigkeit in grosser Menge in der Bauchhöhle.

Nr.	Autor. Ort der Publi- cation.	Alter.	Frühere Geburten.	Fruchtsack.	Uterus.
11	Cooke, Trans- actions of the obst.soc. of London. Vol. V.	39 Jahre.	3 regel- mässige Ge- burten. Gleichzei- tige Uterin- und Extra- uterin- schwanger- schaft.	Rechtsseitig. Fruchtsack fehlt über dem grössten Theile des Eies. Die Häute waren äusserlich glatt durchschei- nend, mit der vorderen Bauch- wand nicht verwachsen; mit Liquor amnii gefüllt. Die Placenta lag in einer engen Kapsel, welche von dem Pavillon der rechten Tube gebildet war. An ihrer con- vexen Seite war diese Kapsel durch sehr derbe alte Ad- häsionen an der Beckenwand befestigt.	Frisch entbunden, im Becken.
12	Welponer und Zillner, Arch.f.Gyn. Bd.19 S. 211.	34 Jahre.	1 Geburt vor 15 Jahren.	Rechtseitig. Sack vielfach mit der Umgebung verwach- sen. Nach dem Becken hin strangförmige Adhäsionen. Wand 2—6 Mm. entsprechend dem Ansatz am Lig. lat. sogar 11 Mm. dick. In den mittleren Schichten glatte Muskulatur. Am Fruchtsacke 6—8 Ctm. langes Stück des Lig. lat.	—
13	Schröder, Centralblatt für Gyn. 1884 Nr. 26.	28 Jahre.	Erste Schwanger- schaft.	Links vom Uterus faust- grosser Tumor, am Cöcum adhärent, der aus Placentar- gewebe bestand.	—

Tube.	Ovarium.	Lig. ovarii.	Lig. rotund.	Placenta.	Frucht.	Bemerkungen.
Rechte Tube stark verlängert. Eine Sonde konnte durch die Tube eingeführt werden bis in ihr erweitertes Ende, wo es auf die Placenta stiess.	Im Verfolg des rechten Lig. ovarii kam man auf einen ovoiden Körper, der anscheinend in seiner Structur sehr verändert, doch seiner Grösse und Lage nach kaum etwas anderes, als der Eierstock sein konnte.	—	—		Voll ausgetragenes, frisch abgestorbenes Mädchen.	Sectionsbefund. Becken durch den Placentartheil des Fruchtsackes theilweise verlegt. Wendung und Extraction. Tod am 2. Tage nach der Entbindung.
Rechte Tube am anhängenden Theil des Lig. lat.; am durchschnittenen Ende mit 0,5Mm. breitem Lumen, näher dem Fruchtsacke, letzteres 13 Mm. hoch, 6 Mm. breit. Die Tube mündet mit fast 2 Ctm. breitem Spalt in den Fruchtsack mit Uebergang ihrer Wandung in die des letzteren.	Nicht gefunden.	—	—	Weiche kuchenförmige Masse von 7 bis 10 Ctm. Durchmesser. Eihäute nicht mehr vorhanden.	44 Ctm. lang. 1765 Gr.	Operation 2½ Jahre nach dem Tode der ausgetragenen Frucht mit glücklichem Ausgange.
Linke Tube wurde bei Herausnahme der Placenta durchschnitten.	Linkes Ovarium lag hinter der Placentargeschwulst.	—	—	—	Frei in der Bauchhöhle gelegen, nur mit dem Netze verwachsen, ohne Nabelstrang. Ueber das Gesicht, Füsse und Hände spannte sich wie ein Schleier ein Niederschlag, der erkennen liess, dass Ober- und Unterschenkel in der Beuge mit einander verwachsen sind.	Conception vor 2½ Jahren. Laparotomie wegen Ileus. Kurze Mittheilung in den Verhandlungen der Berliner Gesellschaft für Geburtshülfe. Es heisst darin: Nach den bisherigen Untersuchungen handelte es sich um das Ergebniss einer Tubenschwangerschaft.

Nur in zehn von diesen dreizehn Fällen war die Frucht vollständig von der Tubenwand umschlossen, in den drei übrigen
Fällen waren einmal die Eihäute nackt, zweimal auch diese nicht
vorhanden und die Frucht frei in der Bauchhöhle gelegen, während
der Fruchtsack allein die Placenta enthielt. Auf diese letzteren
Befunde werde ich später eingehen und zunächst nur die Fälle mit
unversehrtem Fruchtsacke der Besprechung zu Grunde legen.

Für den Zweck der klinischen Diagnose würde es wichtig
sein, möglichst eingehende Angaben über die topographischen, an
der Lebenden nachweisbaren Befunde zu besitzen. Was das von
mir benutzte Material in dieser Hinsicht bietet, ist etwa Folgendes:

In zwei Fällen (4, 9) lag der Fruchtsack sicher oberhalb des
Beckens, in einem anderen, der bestimmte Angaben in Bezug auf
diesen Punkt vermissen lässt (3), ist aus der grossen Beweglichkeit
des Sackes gleichfalls auf dessen hohe Lage oberhalb des Beckens
zu schliessen; sonst ist einmal ein nur geringes Einragen des Sackes
in die Beckenhöhle notirt (8), zweimal angegeben, dass Verwachsungen
mit der Beckenwand bestanden (7, 12), einmal fand sich ein Segment des Fruchtsackes im rechten hinteren (5), ein anderes Mal im
linken vordern Beckenraume (2), beidemal bei rechtsseitiger Tubenschwangerschaft. Schliesslich war einmal der ganze bis zum sechsten
Monat fort entwickelte Fruchtsack im Douglas'schen Raum verwachsen, ganz in der Höhle des kleinen Beckens gelegen und der
Anlass schwerer Einklemmungserscheinungen mit tödtlichem Ausgange geworden (1).

Die Lage des Fruchtsackes im Bauchraume war meist excentrisch, der Seite entsprechend, welcher die schwangere Tube angehörte; nur einmal fand sich der Fruchtsack mit dem grössten
Theil in der entgegengesetzten Seite, in Folge einer vielleicht schon
früher bestehenden und durch Adhäsionen fixirten Dislocation der
später geschwängerten Tube (2). In drei Fällen zeigte sich eine
diagonale Richtung der langen Axe des Fruchtsackes, wobei in
einem Falle unter dem Einfluss einer von Neuem sich entwickelnden
uterinen Schwangerschaft diese Axe in die verticale Richtung über-
ging, um nach Entleerung des Uterus in die frühere Lage zurück-
zukehren (6). Ich bemerke noch, dass in mehreren Fällen, wo der
Fruchtsack mit seinem unteren Theil im Becken steckte, schon die
Art und der Ort der dort bestehenden Verbindungen die Möglichkeit
einer intraligamentösen Lagerung ausschloss. So war einmal der untere

Theil des Fruchtsackes in der Fossa vesico uterina angewachsen (2), in einem zweiten Fall bestand Verwachsung mit der hinteren Blasenwand, während nach hinten der Sack den Douglas'schen Raum überbrückte.

Noch wichtiger fast als diese Lagenverhältnisse sind für die klinische Unterscheidung von der intraligamentösen Schwangerschaft die räumlichen Beziehungen zwischen Uterus und Fruchtsack.

In vier Fällen unseres Verzeichnisses (4, 6, 7, 8) findet sich nun ausdrücklich eine retrovertirte Lage des Uterus angegeben. Dreimal mit Abweichung des Fundus nach der dem Fruchtsack entgegengesetzten Beckenseite, zweimal mit Tiefstand des ganzen Uterus (6, 8). Wir finden also hier den Uterus in der Lage, in welcher er neben Ovarialkystomen so häufig angetroffen wird und die hier wie dort eine relativ breite ligamentöse Verbindung zwischen Uterus und Nachbargeschwulst voraussetzt.

In einem Falle lag ferner der Uterus in Dextroversion im Becken unterhalb des hochgelegenen Fruchtsackes (9), in einem anderen war der Uterus durch den über ihm liegenden Fruchtsack soweit herabgedrängt, dass der Muttermund in der Vulva sichtbar war. Hier war der Uterus zugleich um seine Längsaxe torquirt und zwar nach der dem Fruchtsack abgewendeten Seite hin. Veranlasst war diese Drehung durch eine Dislocation der schwangeren rechten Tube in die linke Bauchseite (s. o.), sonst findet sich noch einmal eine Torsion des Uterus verzeichnet und zwar, wie es die Regel sein wird, in der Richtung auf die vom Fruchtsacke eingenommene Seite (3).

Ragt der Fruchtsack in das Becken hinein oder bestehen secundäre Verwachsungen zwischen ihm und dem Uterus, so wird der Uterus dadurch Orts- und Richtungsveränderungen erleiden müssen, die abhängig von der Ausdehnung und dem Ort der Verwachsungen, der Grösse und Lage des im Becken steckenden Fruchtsackabschnittes verschieden ausfallend, in der Regel dennoch nicht mit der der intraligamentösen Schwangerschaft eigenthümlichen Lagerung des Uterus übereinstimmen werden. So findet sich z. B. in einem Fall (5) der Uterus wohl hochstehend, jedoch bei rechtsseitiger Lage des Fruchtsackes mit dem Fundus nach links und vorn abgebogen, in einem anderen lag der Uterus zwar über dem Becken, der Fruchtsack aber tief im Becken eingekeilt und verwachsen und der Uterus befand sich nur wenig aus der Mittellinie abgewichen, ganz in der Front des Fruchtsackes (1).

Soll die Tubenwand allein, ohne Zuhülfenahme benachbarter Gewebsschichten, wie sie im Zell- und Muskelgewebe des Ligamentum latum sich bieten, zur Bildung eines bis in die letzten Zeiten der Schwangerschaft dicht haltenden Fruchtträgers genügendes Material liefern, so sind ganz besonders günstige Ernährungsbedingungen in Form einer aussergewöhnlich reichen Entfaltung des tubaren Gefässapparates nothwendige Voraussetzung. Die Möglichkeit eines mit der Grössenzunahme des Eies ziemlich lange Schritt haltenden Wachsthums der das Ei umschliessenden Wand wird übrigens durch das Vorkommen einer enormen excentrischen Hypertrophie der Tube bei langsam zunehmender Ausdehnung derselben in Folge von Flüssigkeitsanhäufung erwiesen. So exstirpirte ich im vorigen Jahre eine Pyosalpinx, welche mehrere Liter alten Eiters enthielt und doch in gefülltem Zustande noch überall eine Wanddicke von mehreren Millimetern besass. Die Wand enthielt sehr viel Bindegewebe, doch auch Muskulatur noch in solcher Mächtigkeit, dass sehr bald nach Eröffnung des Sackes eine sehr erhebliche Retraction desselben sich einstellte. Bei einer die letzten Monate erreichenden Tubenschwangerschaft zeigt sich allerdings doch schliesslich ein Deficit in der Entwicklungsfähigkeit der Wandelemente — denn wenigstens in den hier angezogenen Fällen wurde die Wand des Fruchtsackes meist sehr dünn gefunden — in einem Falle in dem Masse, dass die Fruchttheile hindurchschienen (7). Zweimal wird sie als sehr dünn bezeichnet (2, 3), zweimal ferner betrug ihre Dicke ziemlich gleichmässig einige Millimeter (1, 6), einmal war die Wand im Bereiche des Placentarsitzes, dort also, wo sie gewiss die grösste Mächtigkeit besass, reichlich ½ Ctm. dick (4), und nur einmal wird eine sehr beträchtliche, stellenweise bis 16 Millimeter betragende Wanddicke angegeben (12), in einem Falle schliesslich war die Wand 2—6, in einem handgrossen Bezirk, entsprechend der Anheftung des Ligamentum latum aber bis 11 Mm. dick (12).

In diesem Falle liess sich die Wand in drei Schichten spalten, von denen die mittlere aus glatter Muskulatur bestand. Ich konnte glatte Muskulatur nachweisen in der Wand des Fruchtsackes in Fall 6, in sehr verdünntem atrophischem Zustande in Fall 9 und in einzelnen Zügen in den Resten des Fruchtsackes im Fall 4, die ich bei nachträglicher Radicaloperation einer nach der Laparotomie entstandenen Bauchhernie noch an der unteren Fläche des Bruchsackes vorfand.

Ueber das Verhalten der die Frucht bergenden Tube lässt sich den angezogenen neun Fällen Folgendes entnehmen.

Auf ihre Durchgängigkeit ist die Tube nur in einem Theile der Fälle geprüft worden; dreimal ergab sich dabei ihr offenes Einmünden in die Höhle des Fruchtsackes (1, 8, 12). In dem einen dieser Fälle (13) betrug die Lichtung der bei der Operation durchschnittenen Tube an der Durchtrennungsstelle 0,5, näher dem Fruchtsack 13 Mm. in der Höhe, 6 Mm. in der Breite, die spaltförmige Einmündungsstelle am Fruchtsack hatte eine Ausdehnung von 2 Ctm.

In dem von mir untersuchten Fall 1, wo die Tube erst 4 Ctm. nach aussen vom Uterus zu dem im Douglas'schen Raum gelegenen Fruchtsacke sich umschlug, war dieselbe an der Umbiegungsstelle nicht sondirbar, erweiterte sich aber von hier aus nach dem Fruchtsack hin zunehmend, um mit breiter trompetenförmiger Mündung sich in diesen zu eröffnen. In dem äusseren weiteren Theil der Tube trug die Schleimhaut ring- und halbmondförmig gegen das Lumen vorspringende Falten.

Die Tubenbefunde von Fall 4 und 6 werden später erörtert werden (s. Abschn. II).

Ueber die Länge des in dem Fruchtsack nicht aufgegangenen Tubenabschnittes liegen folgende Angaben vor: Nur von drei Fällen liegen bestimmte Massangaben vor. In Fall 8 betrug die Länge des Stückes zwischen Sack und Uterus 3—4 Ctm., in Fall 6, 4,7 Ctm. (altes Spirituspräparat — Länge der gesunden linken Tube 9,5 Ctm.), in Fall 2 war der erhaltene Theil der Tube, wohl unter Mitwirkung der hier bestehenden Verlagerung des Fruchtsackes in die entgegengesetzte Bauchseite, bei Fingerdicke auf 9 Zoll engl. verlängert.

Im Gegensatze zu der relativen Seltenheit, mit welcher der Eierstock der kranken Seite bei der intraligamentösen Form der Schwangerschaft unverändert und sicher nachweisbar war, konnte derselbe unter unseren zehn Fällen frei gestielter Tubenschwangerschaft siebenmal mit Bestimmtheit aufgefunden werden. Die Lageverhältnisse boten, soweit darüber Angaben vorliegen, keine Besonderheit. In der Regel scheint das Ovarium bei dieser Form unter dem Einfluss der Fruchtsackbildung keine weitgehenden Ortsveränderungen zu erleiden. Mehrmals wurde er uterinwärts vom Fruchtsacke in normaler Verbindung mit dem Ligamentum latum gefunden, zweimal dagegen am seitlichen Umfange des Fruchtsackes selbst gesehen. Unter den restirenden drei Fällen wurde nur einmal bei Exstirpation des ganzen Fruchtsackes, sowohl während der Operation als auch später an den exstirpirten Theilen jede Spur des zugehörenden Eierstockes vermisst (12). In dem zweiten Fall (6) fand sich am medianen Umfange des Fruchtsackes ein der Grösse, Form und Lage nach als Eierstock aufzufassender Körper, in dem aber charakteristische Structurelemente nicht mehr nachzuweisen waren; auch fehlte ein Ligamentum ovarii. In dem dritten Fall sah ich bei einer zweiten Laparotomie nach vollendeter Verödung des früher durch Bauchschnitt entleerten Fruchtsackes in der entsprechenden Seite einen dem Psoas ansitzenden hämmorrhagisch infiltrirten, hühnereigrossen Körper, der wohl mit grosser Wahrscheinlichkeit als das zugehörende Ovarium gelten dürfte.

Die höchst interessanten Befunde, welche sich durch Aufbruch des Fruchtsackes allein oder zugleich auch der Eihäute bei trotzdem fortschreitender Schwangerschaft ergeben, werde ich, da sie nicht bloss der Tubenschwangerschaft eigenthümlich sind, später besprechen und mich zunächst zu einigen anderen Formen der Extrauterinschwangerschaft wenden.

Die Abdominalschwangerschaft.

Unter Bauchschwangerschaft sollte nur der Fall verstanden werden, wo das Peritoneum dem befruchteten Ei als Mutterboden dient. Letzteres kann natürlich nur dann geschehen, wenn das Ei unmittelbar nach erfolgter Befruchtung mit dem Bauchfell in Ernährungsverkehr tritt, ein, wie ich meine, noch immer hypothetischer Vorgang, gegen dessen Möglichkeit sich aber a priori Einwendungen nicht erheben lassen, während die noch von neueren Autoren festgehaltene Anschauung, dass ein bereits andernorts inserirtes Ei auf das Peritoneum verpflanzt werden und dort seine Entwicklung fortsetzen könne, wohl ohne weiteres als physiologisch undenkbar abgewiesen werden kann.

Die Streitfrage, ob es überhaupt eine ächte Bauchschwangerschaft giebt, wird auf dem bisher von Anhängern und Gegnern mit Vorliebe beschrittenen Wege, nämlich mittelst des versuchten Nachweises der vorhandenen oder fehlenden localen Disposition für eine solche Bildung, wohl schwerlich zur Entscheidung gebracht werden

können. Hier können nur Thatsachen helfen; ein einziger glücklicher Fund von ächter durch fehlerlose anatomische Untersuchung
beglaubigter Bauchschwangerschaft wird sofort alle Zweifel ver-
stummen machen — ein Fund, der leider bisher noch nicht zu verzeichnen ist.

Wie traurig es mit der bis jetzt vorhandenen Casuistik der
Abdominalschwangerschaft bestellt ist, weiss Jeder, der dem vorliegenden Thema durch Quellenstudium etwas näher zu treten unter-
nahm. Gleichwohl verschliesst man sich vielfach den Bedenken,
welche sich erheben müssen, wenn wir fortfahren, die zum nicht
geringen Theil völlig werthlosen Beobachtungen, welche die Litteratur
der Bauchschwangerschaft enthält, ohne sichtende Kritik zusammen-
zutragen und darauf die Lehre über dieses so wichtige und streng
wissenschaftlicher Behandlung wohl zugängliche Gebiet aufzubauen.
Wie es mit den bisherigen Grundlagen der uns hier beschäftigenden
Frage bestellt ist, mag eine kleine Blumenlese von viel citirten
Fällen dem Leser vor Augen führen:

Da ist erstens der Fall Schreyer [1]) der bereits von Litzmann [2])
als muthwillige Sectio caesarea bei uteriner Schwangerschaft (wenn
auch mit schonender Zulassung der, wie ich meine, sehr entfernten
Möglichkeit, dass es sich um Nebenhornschwangerschaft handelte)
genügend gekenntzeichnet ist. Ferner die viel citirte Beobachtung von
Lecluyse [3]), auf deren Unzulänglichkeit auch neuerdings Krukenberg aufmerksam gemacht hat [4]). Ich setze das Wesentliche dieser
Beobachtung (angebliche Abdominalschwangerschaft, Auswanderung
des befruchteten Eies durch eine nicht völlig zum Schluss gelangte
Kaiserschnittswunde aus dem Uterus in die Bauchhöhle) als bekannt
voraus. Nachdem in dem Sectionsbericht die Angabe gemacht ist,
dass auf den vielfach unter einander verwachsenen Darmschlingen
keine Spur der Placentarstelle mehr zu finden war, während die
Placenta bei der Operation dem Darm ansitzend gesehen wurde, giebt
über den weiteren Verlauf der Leichenuntersuchung folgender Theil
des Berichtes Aufschluss: Zuerst erörtert der Verfasser, wie nach
dem Ergebniss der Operation eine weitere Untersuchung, gerichtet
auf die Artbestimmung der Extrauterinschwangerschaft, eigentlich

---

[1]) Monatsschrift für Geburtskunde Bd. 14 S. 253.
[2]) Arch. f. Gyn. Bd. 15 S. 391.
[3]) Bulletin de l'acad. royale de méd. de Belg. 1869 T. III.
[4]) Arch. f. Gyn. Bd. 28 S. 444.

überflüssig war und fährt dann fort: tout en voulant seulement examiner encore si la matrice, en présence d'un produit développé en dehors de sa cavité n'avait pas subie quelque changement dans sa forme ou ses dimensions, je portai la main dans le bassin et trouvai la fosse iliaque droite occupée par un corps dur, couleur d'ardoise, immobile et offrant une grosseur dont la partie palpable remplit toute ma main (der auf der Darmbeinschaufel adhärente Uterus). Der Zustand der Eileiter, Eierstöcke etc. bleibt ununtersucht, die Höhle des kleinen Beckens überhaupt wird keines Blickes gewürdigt. An der vorderen Fläche des Uterus fand sich, von der früheren Kaiserschnittswunde herrührend, ein beinahe 4 Ctm. langer Spalt mit vernarbten Rändern, diese aber lagen so dicht an einander, dass der Verfasser selbst sein Erstaunen nicht unterdrücken kann darüber, dass durch diesen Spalt das befruchtete Ei hat hindurchtreten können, da doch auch Erscheinungen von Uebertritt der Menses in die Bauchhöhle vorher nicht bestanden hätten. Die ätiologische Verwerthbarkeit dieses Falles schien mir schon früher sehr zweifelhaft, bereits vor Erscheinen der Krukenberg'schen Arbeit, auf dessen Deutung des Befundes ich hier nicht eingehen kann.

Der gleichfalls in keinem Lehrbuch als Beweisstück fehlende Fall von Koeberlé[1]) — Extrauterinschwangerschaft nach supravaginaler Uterusamputation, bei der ein Eierstock zurückblieb — ist zwar in ätiologischer Beziehung nicht ohne Interesse, wenn man die nur auf Hörensagen begründete, von Koeberlé selbst nicht durch eigene Untersuchung festgestellte, auch durch Autopsie nicht erhärtete Extrauterinschwangerschaft dennoch als gesicherte Thatsache annehmen will, aber beweist für Abdominalschwangerschaft gar nichts, da zur Beherbergung des Eies noch ein Eierstock, selbst vielleicht eine Tube zur Verfügung standen.

Zur besseren Würdigung des gleichfalls viel genannten Matecki'schen[2]) Falles genügt folgende Probe aus dem Sectionsbericht: Die Gedärme lagen nach den Seiten und oben; der übrige Raum wird durch den Fruchtsack eingenommen. Der Uterus stark vergrössert und nach rechts verschoben. Zu beiden Seiten desselben waren die enorm hypertrophirten breiten Bänder mit hypertrophisch entwickelten Tuben schräg nach aussen und unten ausgebreitet. Das

---

[1]) Keller, Grossesses extra-utérines. Paris 1872 S. 23.
[2]) Monatsschr. f. Geburtsk. Bd. 31 S. 465.

linke Band bildet mit der Gebärmutter einen Ausschnitt, über welchen das Ei hervorragt. Hinter dem Uterus mit den breiten Bändern lag ein mondgrosses (!) Ei voll Fruchtwasser und halbdurchsichtig, welches einen querliegenden Fötus enthielt.

Die Placenta, normal gross, stand weder mit der Gebärmutter, noch mit dem Ovarium und der Tube in Berührung und war lediglich an dem Bauchfell in der Sacralgegend angewachsen. Zu ihrer stückweisen Lösung war ziemlich bedeutender Kraftaufwand erforderlich. Diese gymnastische Leistung findet ihre Fortsetzung in Folgendem: „Nach Abreissung der seitwärts angewachsenen Ränder der Ligg. lata wurde die Gebärmutter nebst Scheide tief aus dem kleinen Becken herausgeschnitten. Der Uebergang der Uterushöhle in die Tuben war frei und der Canal der letzteren so weit, dass man in denselben den kleinen Finger eine Strecke weit hineinführen konnte. Die Beschaffenheit der Fimbrien war unkenntlich, da sie in Folge der Abreissung zerfetzt waren."

In einer grossen Reihe zum Theil besser beschriebener Fälle von angeblicher Abdominalschwangerschaft lässt sich mit Hülfe der über die anatomischen Verhältnisse gemachten Angaben die Entwicklung des Fruchtsackes aus der Tube theils als sehr wahrscheinlich, zum Theil auch als völlig gesichert betrachten. Einige solcher ganz eindeutigen Beobachtungen liessen sich deshalb für die oben gegebenen Zusammenstellungen verwerthen. Neben diesen halte ich es für räthlich, hier noch einige weniger genau anatomisch untersuchte, aber doch in Bezug auf die Ableitung des Fruchtsackes von der Tube nicht zweifelhafte Fälle als Beispiel und Beleg für die gemachte Behauptung aufzuführen.

Binet, Union méd. 1855. Referat in Monatsschrift für Geburtskunde, Bd. 6 S. 225.

Zweite Schwangerschaft. Tod 3½ Jahre nach Beginn derselben. Autopsie: Mit den angrenzenden Eingeweiden vielfach verwachsene Cyste, deren Wand aus zwei Häuten besteht: einer äusseren dünnen serösen und einer inneren dicken fibrösen. Die Höhle des Fruchtsackes communicirt mit der Flexura sigmoidea und mit der rechten hypertrophischen, 18 Ctm. langen Tube. Die Einmündung der letzteren sieht aus wie die der Harnröhre in die Harnblase.

Birnbaum, Verhandlungen der Berliner Gesellschaft für Geburts-
hülfe in Monatsschrift für Geburtskunde, Bd. 18 S. 337.

Ausgetragene Schwangerschaft. Tod einige Wochen nach Absterben der Frucht. Letztere über dem Becken in Querlage, von
einer durchscheinenden Membran ohne Dazwischenkunft von Fruchtwasser eng bedeckt. Diese Umhüllung an der vorderen Bauchwand
locker adhärirend, mit Netz und Colon transversum fest verwachsen.
Nach Entfernung der Frucht fand sich in der rechten Beckenhälfte
eine circa 3 Zoll lange längliche runde Masse, welche die Placenta
enthielt und in die sich rechts und hinten der Nabelstrang ein-
pflanzte, während sich die bedeutend verlängerte rechte Tube von
oben her und rechts in derselben verlor. Diese Masse klebte leicht
löslich an dem Scheidengewölbe der hinteren Fläche des Uterus
und dem unteren Theile des breiten Mutterbandes an (cf. Nr. 10
des Verzeichnisses B).

Winckel, Geschichte einer Bauchhöhlenschwangerschaft.
Ibidem Bd. 21 S. 71.

Tod reichlich ein Vierteljahr nach dem Tode der Frucht resp.
dem rechtzeitigen Ende der Schwangerschaft. Eiterung im Fruchtsack und Perforation in den Darm kurz vor dem Ende.

Sectionsbefund: Der Fötus liegt in einer Höhle, die von
rechts und oben nach der linken Fossa iliaca heruntersteigt, jedoch
so, dass sie auch in der rechten Seite die Fossa iliaca erreicht. Im
Grunde des Sackes, am Eingange des Beckens, liegt die Placenta.
Die rechte Tube verläuft innerhalb der Wand des Sackes, welche
sich von der rechten Fossa iliaca her abtrennen lässt, und zwar
grösstentheils in den äusseren Schichten desselben; dagegen mit
ihrem abdominellen Ende an der inneren Seite. Sie mündet alsdann frei in den Sack hinein in der Nähe der Placentarhaftstelle.

Drei Punkte — das Fehlen aller Erscheinungen von Ruptur und
innerer Blutung in der Anamnese, die lange Dauer der Schwangerschaft und die Grösse der fühlbaren Kindestheile — machten es
nach dem Verfasser, der sich natürlich dabei auf die Hecker'sche
Arbeit beruft, möglich, nach der allgemeinen Diagnose Extrauterinschwangerschaft speciell eine „Bauchschwangerschaft" anzunehmen.

Heywood Smith, Transactions of the obstetrical society of London,
Vol. XX p. 5.

Primäre Laparotomie. Verletzung der Placenta. Sack und Placentarrest zurückgelassen. Tod 22 Stunden nach der Operation. Autopsie: Linke Tube, am uterinen Ende beinahe geschlossen, breitete sich am distalen Ende in der Placentarmasse aus; „the placenta seemed to be formed of the hypertrophied fimbriae of the oviduct".

Depaul. Arch. de Tocologie, Vol. 1 p. 78.

Autopsie: Une sonde introduite dans la trompe gauche pénètre très-facilement dans l'intérieur du kyste. La longueur du conduit y compris l'épaisseur de la paroi de l'utérus et de la paroi du kyste offre 1 Ctm. et demi à 2 Ctm. environ.

Diesem Befunde zum Trotz lautet die Diagnose: Grossesse extrautérine péritonéale.

Wird nun auch durch die hier angeführten und die viel grössere Zahl der ihnen gleichartigen Fälle, welche sonst noch in der Litteratur verstreut sind und hier nicht weiter namhaft gemacht werden können, der Beweis geliefert, dass auch für die vorgeschrittenen Stadien der Extrauterinschwangerschaft die Tube als Fruchthalter ihre vorherrschende Bedeutung behauptet, so ist dadurch allein die Realität der ächten Bauchschwangerschaft noch längst nicht beseitigt. Die Klinik wird mit ihr noch immer als mit einer wirklichen, wenn auch in Bezug auf Wahrscheinlichkeit vielleicht sehr geringen Grösse rechnen müssen. Unsere Diagnose wird sich nun im gegebenen Falle weniger auf einzelne im Verlaufe der Schwangerschaft aufgetretene Symptome (z. B. Erscheinungen von Darmreizung, die nach Freund Abdominalschwangerschaft mit Insertion der Placenta an der Darmserosa beweisen sollen), als auf die topographischen Eigenthümlichkeiten des Falles stützen müssen, die auch an der Lebenden nachweisbar sind. Der in der Regel nicht zu verkennende intraligamentöse Sitz des Fruchtsackes, oder umgekehrt hohe Lage desselben über dem Becken, zumal wenn dieselbe mit einer wenig oder nicht beschränkten Beweglichkeit des Sackes zusammenfällt, ein Verhalten des Uterus zum Fruchtsack ähnlich dem, wie es bei gestielten Geschwülsten seiner Adnexa beobachtet wird, werden von vornherein eine ächte Bauchschwangerschaft ausschliessen lassen. Nehmen wir dazu die bereits feststehenden Befunde, welche die interstitielle sowie die Nebenhornschwangerschaft kennzeichnen, und beachten wir die Thatsache, dass eine nachweislich frei in der Bauch-

höhle liegende Frucht nicht durchaus für originäre Bauchschwangerschaft spricht, sogar eher auf Tube oder Ovarium als ursprünglichen
Fruchthalter hinweisst (s. u.), so verfügen wir über eine grosse
Zahl differential-diagnostischer Anhaltspunkte, mit deren Hülfe es,
je frischer der Fall, desto leichter gelingen kann, direct oder per
exclusionem die Artbestimmung der fraglichen Schwangerschaft
richtig zu treffen und auch in Bezug auf die Frage, ob Abdominalschwangerschaft anzunehmen sei oder nicht, bereits eine präliminare
Entscheidung abzugeben.

Ganz neuerdings, nachdem ich meine Arbeit bereits abgeschlossen hatte, ist eine Abhandlung über anatomische Befunde bei
Abdominalschwangerschaft [1]) erschienen, die in ausserordentlich sorg-
fältiger und eingehender Weise den Gegenstand behandelt, jedoch
mit vorwiegender Berücksichtigung feinerer anatomischer Veränderungen am Orte des Eisitzes und seiner Umgebung. Die vom
Verfasser mitgetheilten Befunde einer decidualen Metamorphose des
Peritonealepitheles und der fixen Zellen des Serosabindegewebes im
ganzen Beckengebiet des Bauchfelles sind durchaus neu und von
hohem Interesse, können aber vorläufig für die Diagnose Bauchfellschwangerschaft an sich noch nicht ausschlaggebende Bedeutung
beanspruchen. Um so mehr ist es zu bedauern, dass die Darstellung des makroskopischen Befundes sich gerade an dem Punkte
kurz fasst und eine erschöpfende Untersuchung vermissen lässt, wo
die Entscheidung über die Art der Schwangerschaft ruhte. Ueber
Tube und Ovarium der schwangeren Seite im Falle 1, den Walker
als sicher abdominal betrachtet, finden sich nur folgende Angaben:
„Die linke Tube hatte sich mit ihrem lateralen Theil in die
Excavatio recto uterina herabgesenkt, wobei sie sich zugleich mit
ihrem abdominalen Ende medianwärts umgeschlagen hat. In diesem
Zustand ist sie jetzt durch Adhäsion fixirt und begrenzt eine Tasche,
welche von oben her zugänglich ist, die Nagelglieder zweier Finger
aufnehmen kann, und in deren Tiefe sich das linke Ovarium durch-
fühlen lässt. Die Adhäsionen sammt der mit ihnen verwachsenen Ala
vespertilionis bilden jetzt eine hinter und parallel mit dem Ligamentum latum verlaufende Membran, welche an ihrem lateralen Ende
in das normal gelagerte Ligamentum latum sich umbiegt.“

---

[1]) Walker, Der Bau der Eihäute bei Graviditas abdominalis. Virchow's
Archiv Bd. 107.

Eine eindringendere Untersuchung und, wenn diese nicht versäumt war, eine ausführliche Darlegung der Einzelheiten des Untersuchungsbefundes war hier um so weniger zu entbehren, als der Verfasser selbst die Ala vespertilionis als Ausgangspunkt der Schwangerschaft betrachtet und nach den früher von mir gegebenen Nachweisen der Umstand, dass die Tube vom Uterus aus noch in erheblicher Länge sich unverändert verfolgen lässt, die Entstehung des Fruchthalters aus den äusseren Abschnitten derselben nicht ausschliesst. Dazu kommt noch, dass die makroskopischen Verhältnisse am Fruchtsacke selbst nicht dazu angethan sind, jeden Zweifel an der Richtigkeit der Diagnose zu benehmen. Auffällig ist vor Allem — und das spricht auch der Verfasser aus — der Sitz der Placenta an der medianen, der Bauchhöhle frei zugekehrten Wand des Fruchtsackes; ferner mit unseren bisherigen Vorstellungen über Abdominalschwangerschaft nicht ganz leicht vereinbar ist die geringe Festigkeit der Verbindungen zwischen dem Fruchtsacke und den von ihm eingenommenen Abschnitten des Bauchfelles, die es ermöglichte, dass die bei Herausnahme aus der Leiche und dem späteren Wechsel der Erhärtungsflüssigkeiten vorsichtig ausgeführten Manipulationen doch eine fast vollständige Auslösung des Fruchtsackes ohne jeden gröberen Substanzverlust zu Stande gebracht hatten, so dass man, wie Verfasser sagte, fast von einem völlig freien Eisack in der mütterlichen Bauchhöhle hätte reden können. Ob bei dem erwähnten Vorgange auch die Verbindung mit der Ala vespertilionis aufgegeben war, geht aus des Verfassers Angaben nicht hervor.

Für den zweiten der beiden von ihm beschriebenen Fälle, in welchem der Fruchtsack der hinteren Lamelle des rechten Ligamentum latum ansass, gesteht Walker selbst die Möglichkeit einer andersartigen Schwangerschaft zu, weil das abdominale Ende der Tube und der Eierstock nicht aufgefunden werden konnten. Gegenüber diesem der Diagnose „Abdominalschwangerschaft" sehr abträglichen Befunde kann es nicht viel verschlagen, dass Verfasser in diesem wie in dem ersten Falle in der mütterlichen Umhüllungsschichte nur Bindegewebe, keine Muskelzellen auffand, da auch ursprünglich muskulöse Wandungen bei starker Dehnung ihre contractilen Elemente verlieren können; ja, die auch sonst in Bezug auf die histologischen Details für beide Fälle constatirte vollständige Uebereinstimmung liesse sich Angesichts der geringen Wahrscheinlichkeit, dass in dem zweiten Falle ächte Bauchfellschwangerschaft bestand, mindestens ebenso gut

gegen die für den ersten vom Verfasser vertheidigte Diagnose verwerthen.

Vielleicht ist der Verfasser noch in der Lage, durch präcisere
Feststellung resp. Darlegung des Verhaltens der Tube zum Fruchtsacke an beiden oder wenigstens an dem zum ersten Falle ge-
hörenden Präparate die Zweifel an der Richtigkeit seiner Diagnose
zu zerstreuen, als deren Vertreter ich hier, bei aller Anerkennung
der für die feinere Anatomie der Extrauterinschwangerschaft werth-
vollen Ergebnisse seiner Arbeit, auftreten musste.

Die Eierstocksschwangerschaft.

Durch wenige, aber unzweideutige Beobachtungen ist nicht
bloss das Vorkommen dieser Art der Extrauterinschwangerschaft über
jeden Zweifel erhoben, sondern auch für den Eierstock die Fähig-
keit nachgewiesen, für eine bis zur Reife sich entwickelnde Frucht
ohne Zuhülfenahme angrenzender Organe und Gewebe als Träger
zu dienen [1].

Hinsichtlich der Häufigkeit ihres Vorkommens steht die Ovarialschwangerschaft, auch wenn man für beide Arten nur die Fälle von
nahezu oder vollständig ausgetragener Schwangerschaft in Betracht
zieht, der Tubenschwangerschaft weit nach, und ich bin im Gegensatze zu Schröder der Ueberzeugung, dass ihre Frequenz bisher
viel eher zu hoch, als zu gering geschätzt worden ist. Gleichwohl
ist es, auch für die operative Praxis, nicht unwichtig, die bei un-
gestörter Entwicklung einer Ovarialschwangerschaft sich ergebenden
Formverhältnisse zu ergründen. Dass, ohne wesentliche Aenderung
im Zustande des Bandapparates hervorzurufen, die Frucht im
Ovarium zur vollen Reife sich entwickeln kann, beweist klarer als
irgend eine andere die in der Anmerkung erwähnte Beobachtung
Leopold's.

Was liegt nun aber näher, als gerade bei ovariellem Sitze
der Frucht auch an die bei Eierstocksgeschwülsten so häufige Ein-

---

[1] Das in letztgenannter Hinsicht nahezu einzige Beweisstück, von dem
wir Leopold eine vortreffliche Beschreibung verdanken (Archiv für Gynäkologie
Bd. 19), ist auffälligerweise auch in den jüngsten Bearbeitungen der Extrauterinschwangerschaft u. a. von Bandl (in Billroth's Deutscher Chirurgie, 2. Auflage) und von Schröder (Lehrbuch, 8. Auflage) unbeachtet geblieben.

bettung des Neugebildes zwischen den Lamellen des Ligamentum latum zu denken. Gleichwohl ist bisher auf die Möglichkeit einer solchen Wachsthumsrichtung kaum Rücksicht genommen, selbst nicht seitens der Autoren, welche über Eierstocksschwangerschaft geschrieben haben, nachdem bereits Kaltenbach's lichtvolle Darstellung der anatomischen Verhältnisse bei intraligamentösem Sitz von Eierstocksgeschwülsten vorlag (s. u. a. Spiegelberg, dieses Arch. Bd. 13).

In einem grossen Theil von Fällen, die unter der Diagnose Ovarialschwangerschaft mitgetheilt sind, lag entschieden eine intraligamentöse Schwangerschaft vor: doch war hier nicht sowohl dieses Moment an sich berücksichtigt, als der Umstand, dass der Fruchtsack einen serösen Ueberzug trug und nach Massgabe der früher geltenden Anschauung, welche dem Eierstock eine seröse Hülle zuschrieb, aus dem Vorhandensein einer solchen über dem Fruchtsack ohne weiteres die ovarielle Herkunft des letzteren erschlossen worden. Dieser Fehlschluss lag um so näher, je ferner der Gedanke den betreffenden Autoren lag, dass eine Tubenschwangerschaft ihr Ziel erreichen könne. Zu dieser Kategorie von Fällen gehören u. a. die von Kiwisch, Hess, wohl auch der von Schwenninger.

Eine noch jüngere Publication[1] betrifft einen Fall von intraligamentöser Schwangerschaft, der als solcher erkannt und wohl gerade deshalb als ovariell bezeichnet worden ist, entschieden weil dem Autor einerseits wieder die Möglichkeit einer so weit gediehenen tubaren Schwangerschaft zu wenig annehmbar schien, vor Allem aber weil er, das Vorkommen einer gleichartigen Wachsthumsrichtung bei Tubenschwangerschaft nicht berücksichtigend, intraligamentöse und Eierstocksschwangerschaft als identisch betrachten zu müssen glaubte.

Soweit ich die Litteratur der Extrauterinschwangerschaft übersehe, finde ich nur einen Fall von intraligamentöser Schwangerschaft, dessen ovarielle Natur über jeden Zweifel erhaben dasteht, den von Willigk[2] beschriebenen.

Der Befund ist zu wichtig, als dass ich mir versagen könnte, ihn hier abgekürzt wiederzugeben:

„Fruchtsack von den beiden Blättern des linken Ligamentum

---

[1] Benicke. Zeitschr. f. Geb. u. Gyn. Bd. 4.
[2] Prager Vierteljahrsschrift f. Heilkunde, 16. Jahrgang. Bd. 23 S. 85.

latum umschlossen, an der vorderen Wand incl. der sie überziehen-
den Bauchfellplatte eine weite, unregelmässige Rissöffnung. Im
Fruchtsack ein Fötus von 54 Mm. Steissscheitellänge. Die fibröse
Wand des Sackes, durchaus aus fibrillärem Bindegewebe und spar-
samen elastischen Fasern bestehend, hat an der dicksten Stelle
einen Durchmesser von 1 Mm. Der die hintere Peripherie des
Fruchtsackes bedeckende Bauchfellüberzug geht unmittelbar in den
Eierstock über. Dieser mehr als 5 Ctm. lang, durch eine tiefe
Querfurche in zwei ungleiche Theile getrennt, hängt mit dem hinteren
Umfange des Fruchthalters untrennbar zusammen und umschliesst,
neben einigen gelben Körpern, zwei etwa bohnengrosse, mit Blut
gefüllte Cysten. Die makro- und mikroskopische Untersuchung ergiebt aufs deutlichste ein unmittelbares Uebergehen der Faser-
züge aus der Albuginea des Ovarium in die fibröse Wand
des Fruchthalters. Der linke Eileiter verläuft gewunden an der
oberen und vorderen Peripherie des Fruchthalters nach aussen und
ist grösstentheils durch die 2—3 Ctm. hohe Ala vespertilionis von
jenem getrennt. Nur an dem freien Ende kommt der Eileiter durch
die hier bis dicht zum Infundibulum sich erstreckende Entfaltung
des breiten Bandes mit dem Fruchtsacke in unmittelbaren Contact.
Das deutlich gefranste Ende der linken Tube ist von der Abdominal-
öffnung aus bis auf etwa 2 Ctm. durchgängig und normal weit.
Von da an ist ihr Lumen durch deutliches faseriges, sehr kern-
reiches Bindegewebe vollständig verschlossen und erst in der Nähe
des Uterus wieder als ein freier Canal nachweisbar.“

Willigk legte grossen Werth auf den von ihm geführten
Nachweis, dass die fibröse Wand des Fruchtsackes selbst, nicht
etwa nur ihre seröse Umhüllung, unmittelbar aus den äusseren
Schichten des Eierstocks hervorging. Bei einer Schwangerschaft
so frühen Datums dürfte dieser Nachweis auch für sich allein genügen, die Schwangerschaft als eine ovarielle zu erhärten — anders
liegt der Fall bei weiter gediehener Schwangerschaft. Im Bereiche
der oberen, der Dehnung stärker ausgesetzten Fruchtsackabschnitte
kann eine innigere Verbindung zwischen der eigenen Wand desselben
und dem bedeckenden Peritoneum zu Stande gekommen sein und
dann die Unterscheidung schwer fallen, ob nur einfache Apposition
des in die Fläche ausgezogenen Eierstockes oder ein organischer
Zusammenhang desselben mit der Wand des intraligamentösen Fruchtsackes vorliegt. Ferner können in einem Fall intraligamentöser

Eierstockschwangerschaft die specifischen Bestandtheile des Eier-
stockrestes und auch das Ligamentum ovarii durch Druck und Zug
zum Schwund gekommen sein, ebenso leicht, wie dies bei intraligamentöser Tubenschwangerschaft dem ganzen Eierstock nebst
seinem Bande widerfahren kann. So bleibt uns von den verschiedenen
Kriterien für Eierstocksgravidität, wie sie u. a. Spiegelberg auf-
gestellt hat, doch mit Sicherheit nur eines, dessen Bedeutung für
die anatomische Diagnose deshalb nicht scharf genug betont werden
kann, nämlich bei Vorhandensein eines nachweislich von einem der
Adnexa ausgehenden Fruchtsackes, ein Verhalten der gleichseitigen
Tube, welches jede Möglichkeit einer Betheiligung derselben an der
Bildung des Fruchtsackes ausschliesst.

Ueber Mischformen der Extrauterinschwangerschaft.

Die Wahrscheinlichkeit einer Betheiligung mehrerer Organe an
dem Aufbau des Fruchtsackes halte ich für eine sehr beschränkte, d. h.
wenn bei der Namengebung zufällige accessorische Bestandtheile der
Wandung unberücksichtig bleiben sollen. Letzteres ist aber gewiss
das allein Richtige, denn im umgekehrten Fall würde die Zahl der
möglichen Combinationen endlos sein, wenn wir also überall, wo z. B.
Darmabschnitte, die Harnblase, Netz etc. mit der Wand des Fruchtsackes verwachsen sind, nun diese Theile mit für die Benennung der
Schwangerschaft benutzen wollten. Die Wand des Fruchtsackes
kann stellenweise ausserordentlich verdünnt oder selbst lückenhaft
sein, und einzelne der genannten Theile können da zum Ersatz und
zur Verstärkung herangezogen sein, dennoch bleiben sie nur zufällige
Bestandtheile der Wand und sind in genetischer Beziehung völlig
gleichgültig. Diesen Gesichtspunkt möchte ich vor Allem der von
den meisten Autoren zugelassenen Mischform der Tubo-Abdominalschwangerschaft gegenüber festgehalten wissen. Die Berechtigung,
sie als selbständige Kategorie aufzustellen, liegt nur dann vor, wenn
sich annehmen oder nachweisen lässt eine Betheiligung sowohl
des Bauchfells, als auch der Tubenschleimhaut an der
Bildung der Placenta materna. Ein Blick auf den Gang des
Eiwachsthums bei normaler Schwangerschaft wird zur Klärung der
Frage beitragen können. Hier muss das Ei in der ersten Zeit die
Grenzen seines Wurzelgebietes in der Fläche der Uteruswand rascher

ausdehnen, als diese wachsen kann. Sobald aber eine deutliche Scheidung in Chorion frondosum und laeve sich vollzogen und das Ei eine gewisse, noch nicht erhebliche Grösse erreicht hat, wächst der Placentarbezirk des Eies unter normalen Verhältnissen in gleichem Schritte mit dem ihm entsprechenden Segment der ganzen Uteruswand, derart, dass eine centrifugale Vorschiebung des Placentarrandes über die Grenzen des zu dieser Zeit besetzten Wandabschnittes hinaus (abgesehen vielleicht von dem abweichenden Wachsthumsmodus der Placenta marginata) nicht mehr in nennenswerthem Grade stattfindet. Uebertragen wir diese Verhältnisse auf den Fall einer ampullären Tubenschwangerschaft, so wird auch hier von einem noch frühen Zeitpunkte der Schwangerschaft an das gleiche Verhalten, ein gleichzeitiges durchaus übereinstimmendes Flächenwachsthum der correspondirenden Haftbezirke anzunehmen sein; dies um so eher, als die Entwicklung des Eies hier in einem Raum mit nachgiebiger Wandung erfolgt, dessen früh beginnende Dehnung durch das wachsende Ei diesem eine für die definitive Anlage der Placentarbezirkes bald genügend grosse Fläche darbietet.

Nur wenn das Ei in der Tube schon in nächster Nähe des Ostium abdominale Halt macht und zur Einbettung gelangt, liegt meiner Ansicht nach die Möglichkeit vor, dass es wieder nach der Bauchhöhle hervorwächst und dabei zugleich die an die äussere Tubenmündung angrenzenden Bauchfellabschnitte mit der noch im Werden begriffenen Placenta überwächst. Die Voraussetzung zu diesem Hergang ist aber in der Wirklichkeit, wenn überhaupt, so gewiss äusserst selten gegeben, da gerade im Tubentrichter die Eileitung störenden Einflüssen bei Weitem nicht so leicht ausgesetzt sein wird, als ganz ausserhalb oder weiter einwärts in der Tube.

Ich gebe nun gern zu, dass diese Einwendungen gegen Tubo-Abdominalschwangerschaft an sich nicht viel bedeuten, es genügt mir, wenn sie die Schwierigkeit erkennen lassen, die entsteht, wenn man sich von dem Vorgang der zur Bildung einer wirklichen Tubo-Abdominalschwangerschaft führen soll, eine Vorstellung zu bilden sucht. Viel gewichtigere Bedenken gegen die Zulassung dieser Mischschwangerschaft kamen mir von einer ganz anderen Seite. Im 18. Band dieses Archivs habe ich einen von Litzmann exstirpirten Fruchtsack mit Frucht beschrieben (s. auch Nr. 9 der Zusammenstellung B), der unter Berücksichtigung der bisher vorliegenden Befunde von sogenannter Tubo-Abdominalschwangerschaft auf den

ersten Blick alle Charaktere einer solchen trug. Gleichwohl gelang
es mir, das Infundibulum tubae an der Wand des Fruchtsackes, in
Pseudomembranen eingebettet und deshalb leicht zu übersehen, aufzufinden und somit den Beweis zu führen, dass hier der ganze Fruchtsack in der Continuität der Tube lag. Es wird mir nicht verargt
werden können, wenn ich nach dieser Erfahrung die als Tubo-
Abdominalschwangerschaft beschriebenen Fälle, zumal die wenigsten
von ihnen der Vorzug einer sorgsamen anatomischen Untersuchung
auszeichnet, in Verdacht nehme, dass sie ebenfalls nur einfache
Tubenschwangerschaft waren.

Eine Graviditas tubo-ovarialis kann ich auf Grund der
oben aufgestellten Gesichtspunkte nur dann als vorhanden anerkennen,
wenn der Eierstock nicht nur äusserlich mit der Wand des tubaren
Fruchtsackes verbunden ist, sondern wirklich mit seinem Parenchym
ein mehr oder minder grosses Segment des Raumes umschliesst, in
welchem das Ei wurzelt. Das Zustandekommen einer solchen
Schwangerschaft setzt wohl als nothwendig voraus eine bereits vor
der Befruchtung bestehende Verschmelzung von Tube und Eierstock,
derart, dass das Lumen der ersteren mit einem Innenraum des
letzteren communicirt. In einer vollkommen ausgebildeten Tubo-
Ovarialcyste sind, auch wenn entwicklungsfähige Ovula in den
Cystenraum hineingelangen, wegen der Grösse des letzteren die
mechanischen Bedingungen für eine Befruchtung wohl absolut un-
günstige.

In einem von Vulliet beschriebenen Falle [1]) wird eine solche
Tubo-Ovarialcyste als Entwicklungstätte des Eies angenommen. Es
handelte sich hier um nichts anderes als um einen intraligamentösen
Fruchtsack, der einen 37 Ctm. langen Fötus enthielt und in welchem
die rechte Tube offen einmündete, während das Ovarium nicht nachgewiesen werden konnte.

Als Stütze für die von Zahn ausgesprochene Vermuthung,
dass der Fruchtsack aus einer vorherbestehenden Tubo-Ovarialcyste
hervorgegangen sei, wird neben der Behauptung, dass einfach tubare
Schwangerschaft nicht so weit gedeihen könne, die von Burnier
zuerst erwiesene Thatsache aufgeführt, dass an der Innenfläche einer
solchen Cyste sich keimbildendes Eierstocksgewebe vorfinden könne.

Einem zweiten von Schröder operirten und von Beaucamp

---

[1]) Arch. f. Gyn. Bd. 22 S. 427.

beschriebenen Falle [1]) stehen bessere Gründe für die oben be-
zeichnete Diagnose zur Seite. Die Beurtheilung des Falles wird
leider durch eine zu wenig eingehende Beschreibung der für die
anatomische Diagnose ausschlaggebenden Verhältnisse erschwert. Der
wichtigste Theil des Befundes, die Ausbreitung von Eierstockselementen über einen ziemlich grossen Bezirk des Fruchtsackes lässt
mehrere Deutungen zu. Ein intraligamentöser Sitz des Fruchtsackes ist nach der vorliegenden Beschreibung nicht ausgeschlossen,
es bleibt also die Möglichkeit bestehen, dass das Ovarium über dem
Fruchtsack nur flächenhaft ausgezogen (s. oben intraligam. Tubenschwangerschaft) und kein integrirender Bestandtheil seiner eigenen
Wandung war. Die Einmündung der Tube in den Fruchtsack erfolgt in derselben Weise, wie in dem einen oben beschriebenen
Präparate (Nr. 12 der Liste A); 7 Mm. entfernt von ihrer Mündung
fand sich an der Innenfläche eine ringförmige, bis zu 4 Mm. hohe
Leiste, welche von der ihr noch anhaftenden Placenta, die auch die
Tubenmündung verlegte, bedeckt war. Beaucamp legt grosses Ge-
wicht auf diese Leiste, welche er als ursprüngliche Grenze zwischen
Eierstock und Tube betrachtet. Dass sie es thatsächlich war, ermangelt
des Beweises. Uebrigens sind die Vorstellungen, welche Beaucamp
über das Zustandekommen des tubo-ovariellen Fruchtsackes aus-
spricht, durchaus annehmbar. Er denkt sich als Grundlage der
Bildung ringförmige Verlöthung des Pavillon mit einem übrigens
intacten Ovarium. Durch hydropische Entartung eines im Bereiche
der Verwachsung liegenden Follikels und Berstung desselben in das
Tubenlumen hinein wird letzteres mit einem kleinen Raume des
Eierstocks in Verbindung gebracht, in welchen angrenzende Follikel
ihren Inhalt ergiessen, Spermatozoen eindringen können und der
einem befruchteten Ei auch die Bedingungen für seine Fortentwicklung
zu bieten vermag. Eine weitere Stütze für diese von Beaucamp
entwickelte Anschauung bot sich in dem Verhalten der Adnexa der
anderen Seite, wo eine Verbindung zwischen Eierstock und Eileiter
bestand, derart, wie sie für Zustandekommen einer reellen Tubo-
Ovarialschwangerschaft als Voraussetzung gefordert wird.

[1]) Zeitschr. f. Geb. u. Gyn. Bd. 10.

Ruptur des Fruchtsackes ohne Unterbrechung der Schwangerschaft.

Das Ueberleben der Frucht nach Eröffnung eines ovariellen oder tubaren Fruchtsackes gegen die Bauchhöhle ist nur dann möglich, wenn der Durchbruch an einer dem Haftgebiet des Eies nicht angehörenden Stelle der Fruchtsackwand erfolgt und damit Abtrennung des Eies und gröbere Gefässverletzung unterbleiben kann. Mit der Wand des Fruchtsackes können zugleich auch die Eihäute nachgeben. Dann kommt die Frucht frei in die Bauchhöhle zu liegen und macht hier ihre weitere Entwicklung durch, die, wie einzelne Beispiele lehren, ihr normales Ziel erreichen kann. Die lebende Frucht wirkt wahrscheinlich nicht direct als Entzündungsreiz; wenn aber zur Zeit ihres Aufenthaltes in der Bauchöhle Entzündungsvorgänge, diese fast constanten Begleiter jeder Art von Extrauterinschwangerschaft, am Peritoneum sich abspielen, so lässt sich denken, dass letztere durch die Unruhe der Frucht unterhalten, selbst vielleicht stärker angefacht werden. Daher die durch die Fruchtbewegungen verursachten Schmerzen, die in solchen Fällen zwar nicht stets vorhanden, doch auch zufolge mehreren Beobachtungen eine kaum erträgliche Höhe erreichen können.

Verwachsungen zwischen der Frucht und dem Bauchfell entstehen, so lange jene lebt, sicher nicht; denn eine solche Verwachsung ist nur dann möglich, wenn die vom Peritoneum aufschiessende entzündliche Neubildung in den Körper einzudringen vermag; hiergegen ist aber die Frucht durch die dem Stoffwechsel nicht entzogene, normal ernährte Epidermis geschützt. Das Beispiel intraperitonealer Geschwülste, deren adhäsive Verbindung mit angrenzenden Abschnitten des Bauchfells uns ja so geläufig ist, darf hier nur cum grano salis angezogen werden. Entweder handelt es sich da um eine Geschwulst, die selbst mit einem Bauchfellüberzuge versehen ist; dann können, wenn entzündliche Reize auf das Bauchfell einwirken, von der Geschwulstserosa ebenso wie von gegenüberliegenden Bezirken der Parietal- oder Visceralserosa an den gereizten Stellen Gefäss- und Bindegewebsneubildung ausgehen, die granulirenden Flächen verkleben mit einander und es kommt mit der Rückbildung der entzündlichen Gewebswucherung zu einer bindegewebigen Verwachsung — oder, und das halte ich für sehr häufig, an den peripheren Theilen solcher Geschwülste, namentlich der eines eigenen

Bauchfellüberzuges entbehrenden, welche vom Eierstock ausgehen und deren Ernährungsverhältnisse oft sehr labiler Natur sind, entsteht eine anämische Nekrose, besonders leicht, wenn Stieltorsionen die Blutversorgung in gröberer Weise stören. Nun wirkt die Berührung des abgestorbenen Gewebes auf das lebende Bauchfell als Entzündungsreiz, Gefässsprossen mit jungem Bindegewebe dringen von jenem aus in die nekrotischen Partien ein und hinterlassen bei ihrer Zurückbildung mehr oder minder ausgedehnte Adhäsionen. Derselbe Vorgang entwickelt sich, wenn die Frucht abgestorben in der Bauchhöhle liegt, aus gleichen Ursachen an ihr und den Bauchfellabschnitten, denen sie anliegt, bei lebender Frucht aber nicht. Uebrigens sind Adhäsionen an lebend oder ganz kurze Zeit nach ihrem Tode in der Bauchhöhle gefundenen extrauterinen Früchten auch nie beschrieben worden.

Die Eröffnung des Fruchtsackes gegen die Bauchhöhle kann ohne allarmirende Erscheinungen vor sich gehen (s. u. a. die sehr wichtige Beobachtung von Bandl, Wiener med. Wochenschrift 1884 Nr. 32, Nr. 10 der Liste B), weil sie nicht auf brüske Weise unter breiter Zerreissung der Wand zu Stande kommt, sondern ganz allmälig die vorher schon hochgradig verdünnte Wand von dem Ei weniger durchbrochen als durchwachsen wird. Häufiger allerdings werden peritonitische Erscheinungen an den Vorgang sich anschliessen. Bestand vorher eine festere Verbindung zwischen Eihaut und Fruchtsack, so braucht diese, mit dem Freiwerden der Scheitelabschnitte des Eies, selbst in der nächsten Umgebung der Durchbruchsstelle nicht aufzuhören. Ich zweifle übrigens nicht, dass in manchen Fällen, wo nach Angabe der Autoren die Frucht nur von den eigentlichen Eihüllen umgeben in der Bauchhöhle lag, die bis zur Durchsichtigkeit gediehene Ausdehnung einer noch über den Eihäuten gelegenen mütterlichen Umhüllungshaut, der noch persistirenden Fruchtsackwand, die Autoren bestimmte, das Vorhandensein einer solchen überhaupt in Abrede zu stellen.

In mehreren Fällen, wo seitens der Beobachter Ruptur des Fruchtsackes und Weiterentwicklung des Eies unter Bildung secundärer Hüllen seitens des mit ihm in Berührung gelangten Bauchfelles angenommen wird, stützt sich diese Annahme weniger auf den anatomischen Untersuchungsbefund, als darauf, dass die Krankheitsgeschichte Hinweise auf Ruptur in der ersten Schwangerschaftszeit enthielt. Bei Verwerthung solcher anamnestischer Daten für die

Deutung der anatomischen Befunde ist aber in Fällen vorgerückter Extrauterinschwangerschaft grosse Vorsicht geboten; denn unter denjenigen Fällen, wo die Frucht in einem geschlossen Sack gefunden wird, an dessen einheitlicher Natur kein Zweifel zulässig ist, bildet ein auch während der ersten Hälfte ungetrübter Verlauf der Schwangerschaft eine verschwindend kleine Ausnahme. In der Regel hat es auch bei dieser Kategorie in der ersten Schwangerschaftszeit an Erscheinungen nicht gefehlt, welche, theils durch Peritonitis in der Umgebung des Fruchtsackes, theils durch Uterinkoliken bedingt, von den Symptomen einer glücklich überstandenen Ruptur sich nachträglich schwer unterscheiden lassen.

Die Ruptur des Fruchtsackes und der Eihäute kann zeitlich zusammenfallen, wird aber, wenn successive erfolgend, den Fortgang der Schwangerschaft weniger leicht gefährden. Die Eihäute, die, wie oben erwähnt, bis zu Ende widerstehen können, werden doch nach Aufhören des Verbandes mit dem Fruchtsacke, da sie selbst gefässlos sind, hinsichtlich ihrer Ernährung schlechter gestellt sein, atrophisch werden und dem in der Eihöhle herrschendem Drucke leicht nachgeben. Setzt die in die Bauchhöhle ausgestossene Frucht dort ihre Entwicklung fort, so erhält der die Placenta umschliessende Rest des Fruchtsackes eine eigenthümliche Gestalt. Er bildet dann eine kuglige oder ovale Masse und umschliesst neben der Placenta noch einen engen Raum, aus dem eine relativ nur enge, scharfrandige Oeffnung in die Bauchhöhle führt. Seine Erklärung findet dieses Formverhältniss in dem Umstande, dass bei früher Berstung des Fruchtsackes und Eies die in dem Wachsthum des letzteren gegebenen centrifugalen Druckkräfte in Fortfall kommen, welche sonst den Radius des die Placenta umspannenden Wandsegmentes stetig wachsen machen.

Die Berstung sämmtlicher Fruchthüllen scheint am häufigsten, wenn nicht ausschliesslich, bei frei vom Ligamentum latum entspringenden Fruchtsack vorzukommen und ist, wie bekannt, nicht bloss bei Tuben-, sondern auch bei Eierstocksschwangerschaft gesehen worden.

Um letztere handelt es sich bei dem in seiner Art einzig dastehenden Walter'schen Falle [1]), wie aus der ausserordentlich sorgfältigen Untersuchung und Beschreibung des Präparates mit Sicher-

---

[1]) Monatsschr. f. Geb. u. Frauenkr. Bd. 18.

heit erhellt. Dass die neuerdings auch gegen die Zuverlässigkeit dieses Falles geäusserten Zweifel [1]) durchaus unbegründet sind, lehrte übrigens eine auf meine Bitte von Herr College Runge in Dorpat ausgeführte Nachuntersuchung. Laut dessen freundlicher Mittheilung ergab diese Untersuchung an dem in der dortigen Sammlung noch vorhandenen und gut conservirten Präparate eine vollkommene Bestätigung der in der Walter'schen Publication gegebenen Beschreibung und Deutung des Befundes.

Die Beobachtungen von völlig frei oder nur innerhalb der Eihäute im Bauchraume gefundenen Früchten lassen sich in zwei Gruppen bringen. Die eine, erheblich zahlreichere umfasst diejenigen Beobachtungen, welche neben dem gröberen Bauchbefunde auch über den Sitz der Placenta und dessen anatomische Beziehungen zu den inneren Genitalien angestellte Untersuchungen beibringen. In dieser Gruppe ist mit wenigen Ausnahmen die Tube oder wenigstens eines der Adnexa uteri als Ausgangspunkt der Schwangerschaft erwiesen. Die Ausnahmen aber bilden grösstentheils Fälle von der Art, wie ich sie bei Besprechung der Abdominalschwangerschaft als Muster von unverwerthbaren Beobachtungen anführte. Die bei Weitem kleinere Gruppe besteht aus solchen Fällen, die nur über den Situs der Frucht in der Bauchhöhle berichten, wie er bei Gelegenheit einer Operation oder unvollständig durchgeführter Autopsie sich darstellte. Hier herrscht bei den Autoren die Neigung vor, sich für ächte Abdominalschwangerschaft zu erklären. Also auch auf diesem Gebiete behauptet die Abdominalschwangerschaft nur so weit Terrain, als anatomische Anschauung mangelt.

Die Schwangerschaft im Nebenhorn eines Uterus unicornis.

Die in klinischer Beziehung sehr nahe Verwandtschaft dieser Abart uteriner Schwangerschaft mit der extrauterinen mag es rechtfertigen, dass im Verfolg der bisher angestellten Besprechung auch ihrer gedacht wird. Im Ganzen handelt es sich hier um viel einfachere, dem Variiren weniger unterworfene anatomische Verhältnisse und es kann unsere Kenntniss dieser Anomalie in Bezug auf letztere wohl als abgeschlossen, keiner wesentlichen Bereicherung mehr fähig

---

[1]) Collet y Gurgui, Die Ovarialschwangerschaft. Stuttgart 1880.

und bedürftig gelten. Dennoch möchte ich hier eines eigenthümlichen Formverhältnisses gedenken, welches dieser Schwangerschaftsanomalie ganz allein zukömmt[1]) und als Folge des häufigsten Ausganges derselben, der Ruptur des Fruchthalters, zuweilen sich ausbildet, ich meine die Inversion des Letzteren, resp. der mit ihm noch in Verbindung stehenden Placenta. Dieser Befund ist bereits von Kussmaul beschrieben, hat aber in der Folge nicht die Beachtung gefunden, welche er mir zu verdienen scheint. Eine Beobachtung der Art findet sich, wie gesagt, bei Kussmaul[2]) in dem von Drejer als Tubenschwangerschaft beschriebenen, von Ersterem als Nebenhornschwangerschaft erkannten Falle. Der Eisack war geborsten und die fünfmonatliche Frucht in die Bauchhöhle ausgetreten, durch die Nabelschnur noch in Verbindung mit der Placenta. Letztere beinahe kreisrund, hatte einen Umfang von nahezu 10 ½ Zoll und die pars foetalis bildete eine so bedeutende Convexität, dass man eine grosse Halbkugel zu sehen glaubte, aus deren Mitte die Nabelschnur abging. Derselbe Fall ist in einer späteren Arbeit Kussmauls[3]) wieder erwähnt, in welcher mitgetheilt wird, dass Eschricht auf Grund erneuter Untersuchung des Drejer'schen Präparates die Richtigkeit der Kussmaul'schen Deutung bestätigte, wobei auch die Angabe bezüglich der Umstülpung der Placenta wiederholt wird. Auf die Einzelheiten des Befundes wird an beiden Stellen nicht näher eingegangen. Dagegen findet sich eine sehr genaue Schilderung des gleichen Befundes in der Arbeit von Jaensch[4]). Im Gegensatze zu dem vorher erwähnten Falle waren hier die Eihäute uneröffnet; darin ein circa 4 Monate alter Fötus. Die Placenta, ein rundlicher, ungleichmässig dicker Kuchen, sass dem geborstenen

---

[1]) Cruveilhier führt allerdings einen Fall von Extrauterin-(Tuben-) Schwangerschaft an mit angeblicher Inversion des placentaren Fruchtsackabschnittes (Anat.-pathol. Livraison XXXVII), doch ist die Beschreibung höchst unklar. Dazu kommt, dass Cruveilhier über denselben Fall an verschiedenen Stellen seines Werkes einander sehr widersprechende Angaben macht, wodurch das Vertrauen in die Genauigkeit dieser Beobachtung noch weiter erschüttert werden muss (s. auch Collet y Gurguy, Die Ovarialschwangerschaft S. 69, dessen Kritik des Cruveilhier'schen Falles ich nach Vergleichung der von ihm angezogenen Stellen durchaus begründet finde.)

[2]) Von dem Mangel etc. der Gebärmutter S. 146.

[3]) Monatsschrift f. Geburtskunde Bd. 20 S. 307.

[4]) Virchow's Archiv Bd. 58 S. 185.

linken Nebenhorn pilzhutförmig auf, dessen Dicke an der Berührungsfläche betrug circa 5 Ctm., doch war auch der überragende Randtheil der Placenta an der unteren Fläche von verdünnter Muscularis und Serosa des Nebenhornes bekleidet, welche von dem eigentlichen Placentarstiele unter Bildung einer bis 1,5 Ctm. tiefen Furche abbogen. Aus dieser Furche entsprang das Ligamentum rotundum, aus ihrem äusseren Rande die circa 12 Ctm. lange Tube. Das 8 Ctm. lange Verbindungsstück verlief von dem ausgebildeten Horn in einer niedrigen Peritonealfalte zu der ciförmigen, fast hühnereigrossen Hauptmasse des geborstenen und invertirten Hornes. Das Gewebe des letzteren ist in den äussersten, 4—6 Mm. dicken Schichten weisslich, derb, von nur spärlichen kleinen Gefässlumina durchsetzt; dagegen in den tieferen Lagen ist die Substanz weicher, röthlicher, von grösseren Gefässen durchzogen, schliesslich von förmlich cavernösem Bau.

Die Placenta, 2—6 Ctm. dick, 13 Ctm. im grössten Durchmesser, ist in ihrer ganzen Masse von geronnenem Blute durchsetzt, der wulstige, überhängende periphere Theil ist am hinteren Rande am dicksten, wird im weiteren Verlaufe allmälig schmächtiger, an der Spitze des Körpers sehr flach. Hier, am Berührungspunkte des dicken und dünnen Theiles des Placentarrandes beginnt ein Spalt, der nahezu ihre ganze Dicke durchsetzt und mitten zum gegenüberliegenden Rande verläuft, ohne ihn jedoch zu erreichen. Dadurch wird die Placenta unter Bildung seitlicher seichter Einfaltungen in zwei Hälften zerlegt.

Diese Beobachtung hat für mich noch das weitere Interesse, dass sie eine sichere Handhabe bietet, dem von Virchow als polypöse Graviditas interstitialis beschriebenen Falle [1]) seine bisher behauptete Sonderstellung im Formenkreise der Extrauterinschwangerschaft zu nehmen und ihn unter die Fälle von Nebenhornschwangerschaft einzureihen. Diese Folge ergiebt sich von selbst bei Beachtung der absoluten Uebereinstimmung, welche beide Fälle in allen anatomisch wesentlichen Punkten zeigen. Zur Ermöglichung eines sofortigen Vergleiches lasse ich den Virchow'schen Fall in auszüglicher Wiedergabe folgen:

„Zweite Schwangerschaft, begonnen Ende März. Am 14. Juli

---

[1]) Ges. Abhandlungen S. 805.

plötzlich schwere Erkrankung mit Erscheinungen von innerer Blutung. Vierzehn Tage darauf heftiger maniakalischer Anfall. Starke maniakalische Aufregung in der nächstfolgenden Zeit andauernd, dann zunehmende Schwäche, Tod am 8. August. Bei der Autopsie fand sich in der rechten Bauchseite eine grosse Bluthöhle, in derselben ein 6 ½ Zoll langer, röthlich imbibirter und etwas schlaffer Fötus, dessen Nabelstrang an einer grossen kugligen, unter dem Promontorium gelegenen Placentarmasse inserirt, die Eihäute adhäriren der Bauchwand und angrenzenden Eingeweiden und sind an dem hinteren Umfange lang eingerissen. Der Uterus unter leichter Achsendrehung etwas nach links hinten gedrängt, die linken Anhänge vorhanden. Dagegen war rechts keine Spur eines Orificium Tubae von der Uterushöhle aus zu entdecken, ja es fehlte hier sogar der denselben entsprechende Winkel. Dafür schloss sich der Gegend des Tubenansatzes entsprechend ein 2 Zoll langer, anfangs ½ Zoll, allmälig bis 1 Zoll dicker fester Stiel an, dem die Placenta aufsass. Letztere, durchschnittlich 2 ½ Zoll hoch, hatte in der einen Richtung einen Flächendurchmesser von 4 Zoll, in der darauf senkrechten Richtung von 3 Zoll. Die Oberfläche derselben war überall glatt und von Eihäuten überzogen, dagegen wurde sie durch einen gerade über sie hinlaufenden Einschnitt in eine grössere und eine kleinere Masse abgetheilt, zwischen welchen sich eine ligamentöse, vom Dünndarm herkommende Adhäsion inserirte. Abgesehen von dieser Abschnürung bildete die Placenta nicht eine Fläche, sondern einen mehr rundlichen kugligen Klumpen, indem sich ihre Ränder überall über den Stiel zurückschlugen und das ganze Gebilde eine grobpilzförmige Gestalt angenommen hatte. Das zugehörige Ovarium enthielt das Corpus luteum verum. Das Ligamentum ovarii inserirt am äusseren Ende des Placentarstieles, unmittelbar unter der Placenta selbst. Die rechte Tube auf 3 ½ Zoll Länge deutlich zu verfolgen, nahe dem Fimbrienende zerschnitten. Gegen die Placenta hin wird der Canal immer enger und ist in der nächsten Nähe derselben nicht mehr zu verfolgen. Der Stiel bestand überall aus derben, dem Uterusparenchym ganz gleichen Gewebe, mit demselben Reichthum an grossen und dichtliegenden Gefässen wie gewöhnlich an der Placentarstelle der Uterinwand. Der Stiel solide. Das Ligamentum rot. befestigt sich an der Stelle der pilzförmigen Umklappung des Placentarrandes.

Die stark geneigte und diagonale Richtung des Uterus, das Fehlen des rechten Tubenwinkels, die Länge und nach der Placenta hin zunehmende Dicke des muskulösen Verbindungsstückes zwischen dieser und dem Uterus, das Verhalten der rechtsseitigen Adnexa lassen meiner Ansicht nach keinem Zweifel Raum, dass hier Bicornität des Uterus vorlag. Dazu gesellt sich nun als weiteres und wie ich meine den letzten Ausschlag gebendes Beweismoment, die Inversion des geborstenen Fruchtsackes, die nie anders als bei Hornschwangerschaft gesehen wurde und für deren Zustandekommen an einem wirklich extrauterinen Fruchtsack auch stets das Substrat in Form einer genügend kraftvollen Muskulatur fehlen wird.

Wenn Virchow trotz alledem unter ausdrücklicher Ablehnung der Diagnose Nebenhornschwangerschaft sich für interstitielle Tubenschwangerschaft aussprach und den eigenthümlichen Befund in immerhin etwas gezwungener Weise mit polypöser Auszerrung des an den Fruchtsack angrenzenden Uterusabschnittes zu erklären suchte, so ist zu beachten, dass zur Zeit, als Virchow's Publikation erfolgte, das Kussmaul'sche Buch noch nicht geschrieben war und die Nebenhornschwangerschaft, von der bis dahin nur ein einziger Fall, der von Rokitansky beschriebene, bekannt war, noch als etwas überaus Seltenes gelten musste [1]).

Die Ursachen und die Mechanik der an die Berstung des Fruchtsackes sich anschliesenden Umstülpung bieten dem Verständniss keine Schwierigkeit. In diesen Fällen ist in den basalen (eigentlich lateralen, s. Arch. f. Gyn. Bd. 17 S. 281) Abschnitten des Fruchtträgers der Regel nach in bei weitem grösserer Masse, als bei Tubenschwangerschaft functionsfähige Muskulatur vorhanden, welche entgegen dem vorausgehenden Spannungszustande bei eintretender Zerreissung durch starke Retraction reagiren kann. Die Umstülpung erfolgt, weil diese Retraction in der Richtung auf den Stiel als Punctum fixum stattfindet und weil die äusseren Wandschichten, vor der Ruptur im Zustande stärkerer Ausspannung (ebenso wie im normalen Uterus), als die der Höhle nächst gelegenen, sich nach der Berstung auch in viel höherem Grade verkürzen müssen.

---

[1]) Eine Dissertation über Graviditas tubo-uterina von Simon, Berlin 1885, in welcher mit ungefähr denselben Gründen dargethan wird, dass die Virchow'sche Beobachtung einen Fall von Nebenhornschwangerschaft betraf, gelangte erst zu meiner Kenntniss, nachdem ich die Arbeit bereits in Druck gegeben hatte. W.

Die in den beiden mit einander verglichenen Fällen beobachtete
Halbirung der invertirten Placenta durch eine von der Fötalfläche
aus einschneidende Furche kann verschieden erklärt werden: mit
stärkerer Auftreibung der seitlich davon gelegenen Partien der
Placenta durch intervillöse Blutergüsse, mit Contractionsverhältnissen
der invertirten Wandung, oder aus einem schon vorher bestehenden
Formverhältniss, Einfaltung der Placenta entsprechend der Linie,
in welcher die beiden nach abwärts convergirenden Hauptflächen des
Fruchthalters zusammentrafen, dessen unteres Segment ja die Placenta
in diesen Fällen einnahm.

An die mitgetheilten Beobachtungen schliesst sich als ein Fall
von unvollkommener Inversion der von Ruge beschriebene [1]) an.
Hier fand sich oberhalb der Tubeninsertion, an der inneren Wand
des Hornes eine grosse Ruptur, aus welcher die Placenta, die fast
die ganze Innenfläche des geborstenen Hornes auskleidete, mit dem
normal gebildeten dreimonatlichen Fötus hervorquoll. Aus der bei-
gegebenen Abbildung lässt sich mit Bestimmtheit die Ausstülpung
einer schmalen, den Riss begrenzenden Wandpartie sowie an der
Grenze der Inversion eine ringförmige Einschnürung des schwangeren
Hornes erkennen, der Fötus ist noch von den unverletzten Eihäuten
umschlossen. Erwähnung verdient, dass während in den Fällen von
Drejer und Ruge der Tod sehr bald auf die Ruptur gefolgt war,
letztere in dem Falle von Jaensch noch um 3, dem von Virchow
sogar um 25 Tage überlebt wurde. Und dazu wirkten in diesen beiden
Fällen besondere Schädlichkeiten ein, in dem ersteren ärztlicher
Uebereifer, wiederholte und bis zum Todestage fortgesetzte ein-
greifende Untersuchungen etc., während in dem Virchow'schen Falle
die psychische Erkrankung nach der Ruptur mit ihren weiteren Folgen,
der grossen körperlichen Unruhe und der erschwerten Nahrungs-
zufuhr durch Steigerung des Blutverlustes und Kräfteverfalles, den
tödtlichen Ausgang vielleicht erst unvermeidbar werden liess.

Zum Schluss noch eine Bemerkung. In der neuesten Zeit ist
eine nicht kleine Zahl von Fällen ausgetragener Nebenhornschwangerschaft publicirt worden. Der Schluss liegt darnach nahe und ist
auch von verschiedener Seite ausgesprochen worden, dass bei der
Unbekanntschaft der älteren Autoren mit dieser Form eine grössere

---

[1]) Zeitschr. für Geburtsh. u. Gynäkol. Bd. 2.

Zahl solcher Fälle unter falscher Marke in der älteren Litteratur
enthalten sein werde. Die nach dieser Richtung hin besonders von
Küchenmeister[1]) angestellten Forschungen haben aber doch nur
eine kleine Zahl in der genannten Hinsicht verdächtiger oder auch
zweifelfreier Fälle ergeben. Eine ältere Beobachtung, die Küchenmeister's Sammeleifer entgangen und, soviel ich sehe, auch von
anderen neueren Autoren nicht unter dem erwähnten Gesichtspunkte
geprüft worden ist, während sie in der That alle Merkmale einer
Nebenhornschwangerschaft darbietet, lasse ich hier folgen: Ich gebe
sie nach dem anscheinend sehr genauen Referat in Schmidt's Jahr-
büchern 1846, Heft 3. Das Original: Deen. Gravid. abdominalis
peritonealis Nieuw Archief I. war mir nicht zur Hand: „Ausgetragene Extrauterinschwangerschaft, noch von mehreren normalen
Geburten gefolgt, Tod 4½ Jahre nach Ablauf der Extrauterinschwangerschaft. Autopsie: die reife Frucht befand sich in einer
Cyste, welche, oben mit dem Darm verlöthet, mehrfach mit diesem
communicirt, der Fruchtsack lag in der Fossa vesico uterina und
wurde begrenzt nach oben vom Darm und Omentum majus:
von den Bauchdecken und dem obersten Theile der Harnblase;
nach hinten von einem Theil der Intestina ilei und dem Rectum.
Mit allen diesen war die Cyste verwachsen; nach unten fand
keine Verwachsung statt, hier lag sie bloss vom Peritoneum eingeschlossen. Die Gebärmutter hatte nur ein Ovarium und
eine Tube. Das rechte Ovarium auf 3 Zoll vom Uterus entfernt
in einer besonderen Falte des Bauchfells eingeschlossen. Sehr entfernt von diesem Ovarium fand man die dem Uterus fehlende
Tube; sie lag ausserhalb an der rechten Seite der Cyste,
durchaus unversehrt, mit einem nicht über das natürliche
Mass erweiterten Canale. Dieser endigte nach vorn und
oben mit einem Ostium uterinum, das ebenfalls nicht erweitert war, in der Cyste, während die Fimbrien nach unten
und hinten gerichtet waren. Unter dem Peritoneum fanden sich viele
Gefässe, welche vom Uterus nach der Cyste gingen.

---

[1]) Arch. f. Gyn. Bd. 17.

Ueber postmortale Veränderungen an älteren Extrauterinföten nach längerer Retention im Fruchtsacke.

In bemerkenswerther Weise unterscheiden sich die in extra-uterinen Fruchtsäcken enthaltenen Kindsleichen von im Uterus ab-gestorbenen Föten durch geringeren Flüssigkeitsgehalt der Körper-höhlen und Gewebe. Zur Erklärung dieses Umstandes kommt zunächst in Betracht der primäre Mangel oder doch in der Regel bald ein-tretende Schwund des Amniouwassers, wodurch die wesentlichste Ursache ausgiebiger Maceration beseitigt wird. Dieser Umstand, die relative Trockenheit des todten Körpers kann zur Folge haben, dass derselbe von aussen wirkenden Schädlichkeiten in auffälliger Weise widersteht. Vor Allem scheint Fäulniss, wenn sie nicht in kürzerer Frist den Fruchtkörper ergreift, nicht mit der unter anderen Umständen zu beobachtenden Schnelligkeit den Leichnam zu durch-dringen und eher als relativ trockener und räumlich begrenzter Process zu verlaufen. Sehr treffend wird dies demonstrirt durch eine von Hofmeier mitgetheilte Beobachtung[1]. Ein über der Vagina gelegener jauchender Krebsherd (Recidiv nach Exstirpation des carcinomatösen Uterushalses) war nach Blase, Mastdarm und in einen seit 7 Jahren getragenen extrauterinen Fruchtsack durch-gebrochen. Die reife Frucht zeigte sich bei der Autopsie zum grössten Theile wohlerhalten, fast wie ein frischtodtes Kind. Nur entsprechend der Durchbruchsstelle waren die Weichtheile am Rücken bis auf die Wirbelsäule zerstört und von hier aus noch ein Theil des Bauchinhaltes in Fäulniss gerathen.

Entsteht Eiterung im Fruchtsack, so entfaltet sich sehr bald die zerstörende Wirkung der von der Innenfläche aufschiessenden Granulationen auf das anliegende todte Gewebe. Die Weichtheile werden in verschiedener Tiefe zerstört, Skeletttheile blossgelegt, die Gelenkkapseln eröffnet etc., alles dies aber nur an der Peripherie der in extremer Beugung zusammengekrümmten Fruchtleiche, während die der directen Einwirkung des Granulationsgewebes ent-zogenen Abschnitte der Oberfläche völlig unversehrt bleiben. Ich habe bereits in einer früheren Arbeit[2] auf solche Befunde auf-

---

[1] Zeitschrift f. Geburtsh. u. Gyn. Bd. 10 S. 430.
[2] Arch. f. Gyn. Bd. 17 S. 281.

merksam gemacht und dieselben zu erklären versucht. Die dort
gegebene Beschreibung von dem Zustande der in einem Nebenhorne
getragenen stark arrodirten Frucht lässt sich Wort für Wort an-
wenden auf die Art und den Sitz der Veränderungen, welche in
den in einem früheren Abschnitte dieser Arbeit näher behandelten
Fällen von Henningsen und Dreesen an der Frucht zu beobachten waren. Auch hier weitgehende Zerstörung der Weichtheile
an der in extremer Flexionshaltung befindlichen Frucht. Ueberall
an den nach aussen gekehrten Flächen am Schädel, Rücken, der
äusseren Seite der Extremitäten, an allen Punkten, die mit dem
Fruchtsacke in Berührung gewesen sein konnten, Zerstörung der
Haut mit Blosslegung des Unterhautfettkörpers — vielfach tiefere,
bis in die unteren Schichten der Muskulatur eindringende, unregelmässige und rundliche, wie durch Annagung entstandene Defecte;
die Wirbelbögen, Kanten der Scapula, die Gelenkenden der Röhren-
knochen blossgelegt, die Gelenke grösstentheils eröffnet. Im grössten
Gegensatze dazu völlig unversehrter Zustand der Weichgebilde an
den ventralen der Berührung mit dem Fruchtsacke nicht ausgesetzten Flächen des Stammes und der Extremitäten. So hört die
Zerstörung der Weichtheile am Kopfe dicht über der Nasenwurzel
in einer geraden horizontalen Linie wie abgeschnitten auf und ebenso
wie weiter abwärts am Gesicht sind an der vorderen Bauch- und
Brustwand sowie an den einwärts gekehrten Flächen der Extremitäten
die Bedeckungen nicht im mindesten angegriffen.

Ich bemerke hier anschliessend, dass in den erwähnten drei
Fällen an keiner Stelle der Frucht Incrustationen nachzuweisen sind,
auch in dem Falle Henningsen nicht. Die von diesem Autor ge-
brauchte Bezeichnung des Fötus als eines kreidig incrustirten lässt
sich damit erklären, dass das blossliegende Unterhautfettlager eine
drusig unebene Oberfläche besitzt und vielleicht, bei derber talg-
artiger Consistenz, wie jetzt am Spirituspräparate, auch im frischen
Zustande schon eine rein weisse Färbung zeigte. Dazu kommt, dass
an Stellen, wo unter einer nur noch dünnen Fettschicht Knochen
liegen, so in der Gegend der Scapula, über dem Darmbeinkamme etc.
der Eindruck einer harten Masse beim Betasten mit den Fingern
entsteht.

Die oben besprochenen Veränderungen extrauteriner Früchte
treten auf in Folge Eindringens von Entzündung, Eiterung und
Fäulniss erregenden Keimen in die Fruchtsackhöhle. Geschieht dies

nicht, so stellen sich in der Regel doch Processe ein entzündlicher Natur, denen aber der Charakter einer aseptischen Entzündung eignet. Die andauernde Berührung mit dem todten Eie ruft an der Innenfläche des Fruchtsackes eine entzündliche Gewebsneubildung hervor, die sich von der vorher besprochenen im Wesentlichen dadurch unterscheidet, dass sie mit erheblich geringerer Auswanderung weisser Blutkörperchen einhergeht und weniger zerstörend auftritt, in ihrem Ausgange im Gegentheile eine conservative Tendenz verräth.

In Bezug auf das Detail des Vorganges darf ich mich wohl auf eine frühere Arbeit [1]) beziehen, in der ich eine eingehende Schilderung der hier in Betracht kommenden Befunde gegeben habe. Weitere Folgerungen aus diesen zu ziehen habe ich damals unterlassen, zum Theil weil ich glaubte, dass sie sich dem Leser von selbst aufdrängen müssten. Jetzt halte ich es aber doch für gut, in diesem Zusammenhange noch einmal auf das Resultat jener Arbeit zurückzukommen.

Bei einer fast ringsum mit der dünnen Hülle verwachsenen Frucht liess sich der Modus dieser Verwachsung, die Ausdehnung der Tiefe nach im Fruchtkörper und die Reaction der fötalen gegenüber den neuen Geweben sehr gut zur Ansicht bringen. Es ergab sich in den adhärenten Partien eine Durchwachsung der Eihäute und Cutis, stellenweise auch noch des subcutanen Fettlagers mit mütterlichem Binde- und Gefässgewebe. In noch grösserer Tiefe war an keiner Stelle das neue Gewebe zu finden. Während nun, wie überall an den tieferen Weichtheilen, so auch in den oberflächlichen Schichten der Bezirke, wo Verwachsung mit der Fruchthülle nicht bestand — der Status quo ante in Bezug auf die gröberen Structuren vollständig erhalten war, die Epidermis, Hautdrüsen, Haare, Hautmuskeln, der normale Bau der Cutis vorhanden waren und nur am Zellprotoplasma und der Kernsubstanz die üblichen Leichenphänomene constatirt wurden, zeigte sich an den von der Verwachsung betroffenen Stellen ein ganz anderes Bild. Von den Eihäuten war nur die Grundsubstanz erhalten, als todtes Substrat, in welchem sich junge Bindegewebszüge und Haargefässe verbreiteten, die Chorionzellschicht und das Amnionepithel fehlten, ebenso verhielt es sich mit der Cutis, die, ohne Papillen, der Epidermis wie aller

----

[1]) Arch. f. Gyn. Bd. 17.

Abkömmlinge derselben entbehrte und statt dessen mit neuer Binde-
substanz und jungen Gefässbahnen ausgestattet war; und selbst, wo
diese neue Bildung noch in das Fettlager eingedrungen war, zeigte
sich nicht Erhaltung, sondern nur Verdrängung und Zerstörung des
ursprünglichen Gewebes.

Aus allem diesem ergiebt sich, dass die in solchen Fällen
überraschend gute Erhaltung des Fruchtkörpers erstens nicht in
histologischem Sinne zu nehmen ist — denn im Gegentheil, überall
an den Stellen, welche in den Bereich der Saftströmung und des
Stoffwechsels des mütterlichen Organismus hineingezogen sind, gehen
die alten Structuren unter zu Gunsten einer neuen, ganz einseitig
in Binde- und Gefässgewebsbildung auslaufenden Organisation. Von
einer Forternährung des Fruchtkörpers durch die neu entstandenen
Gefässbrücken, eine Anschauung, der auch neuere Autoren noch
huldigen, kann also keine Rede sein.

Seitdem die Formbeständigkeit abgestorbener Gewebe bei voll-
kommenem Ausschluss von Fäulnisserregern auch mittelst des Ex-
perimentes klar zur Anschauung gebracht worden ist, haben solche
Beobachtungen, wie die eben besprochene, den Charakter der
Curiosität eingebüsst.

Auf die für die gute Conservirung solcher Kindsleichen ganz
wesentliche Bedingung, den geringen Flüssigkeitsgehalt des todten
Körpers, möchte ich hier noch einmal zurückkommen. Das Ver-
schwinden des Fruchtwassers aus dem Eisacke macht ja keine
Schwierigkeiten, dagegen betrachte ich die Eindickung der Körper-
substanz für eine weniger leicht zu erklärende Erscheinung: die
Anschauung, dass der fast beständige Ueberdruck, welchem die
extrauterine Frucht ausgesetzt ist, aus ihrem Körper Flüssigkeit
auszutreiben vermag, scheint mir physikalisch nicht so ohne weiteres
haltbar. Für die Fälle, in denen Verwachsung mit dem Fruchtsack
zu Stande gekommen ist, dürfte folgende Erklärung versucht werden
können: Die Circulation in der neuerdings vascularisirten peripheren
Schicht des Körpers bedingt in den von den Gefässbahnen durch-
zogenen Geweben Diffussionsströme, welche wegen der grösseren
Dichtigkeit des Blutes gegenüber der in den todten Geweben enthaltenen Flüssigkeit vorwiegend oder ganz einseitig nach dem Lumen
der Capillaren gerichtet sein können. Der auf diese Weise ent-
stehende Unterschied in der Wasserspannung zwischen den oberflächlichen und tieferen Lagen des Fruchtkörpers veranlasst in diesem

eine Bewegung der Gewebsflüssigkeit, welche im Querschnitt des Körpers eine centrifugale Richtung einhält. So wird es verständlich, dass die Fruchtleiche auch in ihren tiefstgelegenen Theilen im Fortgange ihrer Verhaltung trocken gelegt wird.

Zum Schlusse sei einer besonderen Combination noch kurze Erwähnung gethan — neben Verwachsung eines Theiles der Frucht theils Erhaltung, theils Zerfall der nicht adhärenten Partien. Diese Combination fand ich an einem Präparate, das einer vom Herrn Collegen Waitz in Hamburg ausgeführten Operation entstammte (s. u. „Zur operativen Behandlung der Extrauterinschwangerschaft"). Die Frucht war hauptsächlich mit der rechten Seite des Rumpfes und der Aussenfläche der gleichseitigen Extremitäten am Fruchtsack angewachsen. Der Kopf nach links torquirt, mit der rechten Seite in den Thorax eingedrückt. Die angewachsenen Partien und ebenso die dem Innern der Fruchtkugel zugekehrten Flächen waren sehr gut erhalten, so u. a. die vordere Bauch- und Brustfläche und die Weichtheile der rechten Kopfhälfte. Die linke Hand adhärirte mit dem Dorsum der Sackwand und war intact. Der linke Vorderarm, mit dem Radialrand angewachsen, zeigte tiefen Defect der Weichtheile an der Dorsalseite, Ulna und Radius in ihrer ganzen Länge skelettirt. Ferner sind auch der linke Oberarm und die Schulter an der Rückseite zerfallen, Humerus und Scapula blossgelegt. Die Weichtheile der linken Kopfhälfte vollständig defect, das linke Jochbein nahezu ganz ausgelöst, Stirn und Scheitelbein blossliegend. Der Rücken ist auch zum Theil mit der mütterlichen Umhüllungshaut verwachsen; an den blossliegenden Partien finden sich mehrere kraterförmig in das Unterhautgewebe eindringende Substanzverluste, zum Theil mit scharfem, stellenweise etwas unterminirtem Randsaume.

Es ist anzunehmen, dass, nachdem die Frucht mit der Wand ihres Behälters organisch vereinigt worden und längere Zeit unbeschädigt getragen war, in späterer Zeit an den freiliegenden Theilen der Innenfläche des Fruchtsackes sich Eiterung und Granulationswucherung entwickelt hat, welche die oben skizzirten partiellen Zerstörungen zuwege brachte.

Abtheilung II.

Bericht über fünf Operationsfälle bei Tubenschwangerschaft nebst anatomischer Untersuchung der operativ
entfernten Theile.

Fall I. Intraligamentöse Tubenschwangerschaft. Laparotomie im fünften Schwangerschaftsmonat. Entfernung der Frucht mitsammt dem Fruchtsacke. Genesung.

Frau Dr. Fr., 24 Jahre alt, am 23. September 1884 in die gynäkologische Klinik aufgenommen. Seit dem vierzehnten Jahre regelmässig, schmerzlos menstruirt. Bis vor einigen Jahren von fester Gesundheit. Seit 3½ Jahren verheirathet. Op. Im Spätsommer 1882 vierzehn Tage lang Schmerzen im Unterleibe ohne bekannte Veranlassung. Im September desselben Jahres stossweise auftretende Schmerzen im Unterleibe vor Eintritt der Menses, deshalb einen Tag bettlägerig. Im Winter 1882 consultirte Patientin Herrn Geh.-Rath Litzmann wegen häufig auftretender Schmerzen in der Blasengegend mit vermehrtem Harndrang. Die Genitaluntersuchung ergab damals nichts Abnormes und die Beschwerden verloren sich nach einiger Zeit spontan. Seit ¾ Jahren ohne bestimmte Ursache Abnahme der Kräfte, Neigung zu Ohnmachten, zeitweilig Uebelkeiten des Morgens in nüchternem Zustande. Menses im letzten Halbjahr schwächer geworden, erschienen zum letzten Male am 14. Juni, dieses Mal nur einen Tag dauernd. Vierzehn Tage darnach plötzlich heftiges Erbrechen nach der Mahlzeit und gleich darauf Schmerzen im Rücken und Leibe mit Ohnmachtsanwandlungen. Die Schmerzen gingen von der Schoossgegend aus, ergriffen gleichmässig beide Seiten des Bauches und dauerten ungefähr 5 Stunden. Am nächsten Tage wieder Wohlbefinden. Seit diesem Anfalle Morgens gewöhnlich um 10 Uhr einmaliges Erbrechen, das Anfangs täglich, später in etwas grösseren Zwischenräumen auftrat und noch vor Kurzem 4—5 Tage lang bestanden hat. Im Ganzen sind fünf solcher Schmerzanfälle aufgetreten. Der zweite und dritte zur Zeit der erwarteten Menstruation, dieser von besonderer Heftigkeit, der letzte vor drei Wochen. Bis vor acht Tagen hat Patientin sieben Wochen lang ununterbrochen im Bett gelegen. Seit Verlassen desselben Gefühl von Schwere im Unterleibe und dadurch erschwertes Gehen, zuweilen auch stichartige Schmerzen im Hypogastrium. Seit dem Ausbleiben der Menses keinerlei Ausfluss aus der Vagina.

Status praesens. Gut mittlerer Ernährungszustand, Bauchdecken besonders fettreich. Leidendes, anämisches Aussehen, Temperatur normal. An den Brüsten keinerlei für Schwangerschaft characteristische Veränderungen. Keine auffällige Farbenveränderung der Vaginalschleimhaut.

Im Hypogastrium ein bis auf einen schmalen Streifen dicht über dem rechten Poupart'schen Bande von Darm überlagerter, nach oben regelmässig gewölbter ziemlich fester Tumor, der, grösstentheils rechts von der Mittellinie gelegen, mit seiner Kuppe die vordere Beckenwand um 4 Fingerbreiten überragt. Ueber demselben ein lautes Gefässgeräusch hörbar. Links, nahe der Linea alba ist in geringer Entfernung von dieser Geschwulst, aber doch isolirt von ihr ein kleinerer derber Körper mit rundlicher Kuppe zu fühlen, der den linken horizontalen Schambeinast um 2—3 Fingerbreiten überragt.

Expl. int.: Portio vaginalis cylindrisch, aufgelockert, dicht hinter der Symphyse und etwas rechts von der Mittellinie, mit gerundetem, die Fingerkuppe eben aufnehmendem Muttermunde. Der aussen links fühlbare kleinere Körper erweist sich als der nur wenig vergrösserte Uteruskörper. Der Uterus lässt sich unabhängig von der daneben liegenden Geschwulst um mehrere Centimeter nach auf- und abwärts verschieben. Das Becken grösstentheils ausgefüllt von einem ziemlich tief in die Höhle desselben einragenden, regelmässig sphärischen Abschnitte der aussen fühlbaren Geschwulst. Letztere liegt im Ganzen etwas schräg mit ihrem von rechts oben nach links unten verlaufenden grössten Durchmesser. Die von der Vagina aus zu bestreichende Oberfläche ist glatt, die Wand in prall elastischer Spannung. Nach rechts erstreckt sich die Geschwulst bis nahe an den Beckenrand, jedoch lässt dieser von der Vagina aus sich noch frei bestreichen, links ist zwischen Tumor und Beckenwand ein etwas breiterer Zwischenraum. Die Vagina ist im Ganzen etwas nach links und vorn verdrängt, die Geschwulst in senkrechter Richtung in beschränktem Masse beweglich. Zwischen rechtem Uterusrande

und Tumor besteht ein schmaler, nahe dem Fundus von einer flächen-
haften, dickeren Gewebsschicht überbrückter Zwischenraum.

Bei einer früheren, fünf Tage vor der Aufnahme der Patientin
in die Klinik, von mir ausgeführten Untersuchung erschien der ganze
Tumor etwas kleiner, weniger weit nach auf- und abwärts sich erstreckend, lag der Bauchwand gar nicht unmittelbar an und war in
seinem Beckenabschnitt derber, aber weniger gespannt, dabei im
Ganzen etwas mehr beweglich.

Der von mir bereits nach dieser Untersuchung gestellten
Diagnose, Extrauterinschwangerschaft, schloss sich Herr Geheimerath Litzmann an, nachdem das von ihm aufgefundene Gefässgeräusch über dem Fruchtsacke dieser Diagnose eine weitere, seinem
Urtheile nach wichtige Stütze verschafft hatte. Es wurde Tubenschwangerschaft angenommen, dabei unentschieden gelassen, ob der
Fruchtsack frei am Ligamentum latum inserirt und nur durch festere
Einfügung seiner unteren Abschnitte im Becken festgehalten oder
durch intraligamentöse Entwicklung in diesem fixirt sei. Nachdem
in den ersten Tagen nach der Aufnahme bei ununterbrochener Bettruhe nur leichte Kreuzschmerzen bestanden hatten, traten am 28. und
29. September zeitweilig heftigere Schmerzen auf, welche vom Kreuz
zur Schossgegend zogen, dabei zeigte sich kein Ausfluss aus der
Vagina. Die Temperatur nicht erhöht.

Am 30. September führte ich in Gemeinschaft mit Herrn
Geheimerath Litzmann die Exstirpation des Fruchtsackes aus. Ich
gebe hier nur den Bericht über den Verlauf der Operation und die
ihr nachfolgende Zeit bis zur Entlassung der Patientin aus der Behandlung sowie eine Schilderung des durch die Operation gewonnenen
anatomischen Befundes; während ich die Erörterung über die Motive
des operativen Eingriffes und die Art des eingeschlagenen Operations-
verfahrens dem letzten, der Behandlung der Extrauterinschwangerschaft gewidmeten Abschnitte dieser Arbeit vorbehalte.

Die Operation: Incision in der Linea alba, einige Centimeter
oberhalb der Symphyse beginnend und ebenso hoch über dem Nabel
endigend. Das durchtrennte Bauchfell wird mit provisorischen Nähten
an den Wundrändern fixirt. Unter der Bauchwunde liegt das
dunkel injicirte Netz vor. Etwas unterhalb des unteren Wundwinkels
ist der Uterus, mit dunkelblaurother Oberfläche, mässig vergrössert
die Symphyse um einiges überragend sichtbar. Nach Unterbindung
und Ablösung des an der hinteren Uterusfläche und rechts im Becken

adhärirenden Netzes erscheint im rechten Hypogastrium der den Beckeneingang um vier Fingerbreiten überragende Fruchtsack. Zwischen ihm und Uterus besteht ein circa 3 Ctm. breiter Zwischenraum, innerhalb dessen das Ligamentum latum nicht entfaltet ist. Die rechte Tube verläuft gestreckt vom Uterus nach auswärts und verliert sich vorn oben bald in den Bedeckungen des Fruchtsackes. Am linken oberen Umfange des letzteren, dicht hinter der Stelle, wo die Tube an den Fruchtsack herantritt, liegt der Oberfläche des letzteren das Ovarium auf, das mit seinem Längsdurchmesser nahezu sagittal gestellt ist, also mit der Verlaufsrichtung der Tube unter einem beinahe rechten Winkel divergirt. Der Fruchtsack erscheint dunkel geröthet; auf seiner Höhe sind anscheinend von dem vorher breit adhärirenden abgebundenen Netze herrührend zarte membranöse Auflagerungen zu sehen, die Fettträubchen und grosse Venen enthalten. Der Fruchtsack fühlt sich dunkel fluctuirend an; Fruchttheile sind durch seine Wand hindurch nicht zu palpiren. Die Fossa paravesicalis dextra ist ziemlich tief. Vorn erstreckt sich der Fruchtsack noch unter die Basis des Ligamentum latum ziemlich weit nach abwärts, hinten links adhärirt er am Rectum, nach rechts ist der Douglas'sche Raum durch lockere Adhäsionen verlegt. Bei Lösung eines Theiles derselben mit den Fingern, ebenso nach fast spontaner Ablösung einzelner noch sehr locker dem Fruchtsack und der seitlichen Bauchwand anhaftender Netzzipfel blutet es ziemlich stark. Nach tiefer Umstechung des rechten Ligamentum latum dicht neben dem Uterus wird von der Scheide aus der Fruchtsack emporgedrängt. Er erhebt sich auch dabei, nach Durchreissung seiner letzten pseudomembranosen Verbindungen mit dem Peritoneum der hinteren und rechten Beckenwand, ohne jedoch ganz aus dem Becken herauszukommen. Bei dem Versuche mit der Hand rechts neben dem Promontorium herabgehend unter den Fruchtsack zu kommen, reisst letzterer rechts unten ein, wobei an der Rissstelle Extremitäten der Frucht fühlbar werden. Jetzt lässt sich der Fruchtsack — mit Hinterlassung eines, wie es scheint — nur kleinen Theiles seiner Wandung und während die gänzlich ausgetretene Frucht im Douglas'schen Raume zurückbleibt, aus dem Becken herausbringen. Austritt von Fruchtwasser wird dabei nicht bemerkt. Am Rande des breiten Einrisses ist die Placenta sichtbar, zum Theil von der Wandung abgelöst, ohne dass es hier blutet. Das Ligamentum latum, an welchem der Fruchtsack noch breit ansitzt, lässt sich nun unterhalb desselben · zwischen die Finger fassen und wird mit

elastischen Ligaturen umstochen [1]). Bei Anlegung der ersten, aussen
dicht am Psoasrande, entsteht, als tief an der Basis des Ligamentum
latum die Nadel durchgeführt wird und während man noch dabei
beschäftigt ist, die aus der beabsichtigten Richtung etwas abge-
wichene Nadelspitze wieder zu fassen, eine kolossale Blutung. Das
Blut stürzt in dickem Sprudel aus dem Becken nach aussen. Sobald
die Ligatur ganz durchgezogen und geknüpft ist, steht die Blutung
beinahe vollständig. Patientin ist sehr blass geworden, der Puls
kaum fühlbar, die Athmung flach. Nach Injection von Campher-
äther hebt sich der Puls sehr bald. Es werden noch zwei elastische
Ligaturen am Ligamentum latum angelegt, aussen und innen, letztere
an die zuerst neben dem Uterus angebrachte sich anschliessend.
Ein zwischen den beiden mittleren Ligaturen noch frei bleibender
schmaler Bezirk wird durch Verknüpfung der Ligaturenden vorn
und hinten versichert, darauf der Fruchtsack abgetrennt, die zum
Douglas'schen Raum führende Nabelschnur durchschnitten und aus
jenem der Fötus hervorgeholt. Aus dem hinteren rechten Beckenabschnitt besteht noch mässige Blutung. Dieselbe kommt aus einem
Wundraum, welche nach vorn von dem ligirten Ligamentum latum
resp. dessen vorderer Lamelle, hinten von einer Membran begrenzt
wird, die theils aus Peritoneum allein (hinteres Blatt des Ligamentum
latum), theils aus diesem und ihr innen anhaftenden Resten der besonderen Fruchtsackwand zu bestehen scheint. Sie adhärirt zum
Theil links am Rectum, übrigens erscheint sie aussen glatt, wie
normales Peritoneum. Der dieser Art begrenzte (intraligamentöse)
Wundraum führt tief in's Becken, hat unten aber nur geringe Ausdehnung. Auch der dahinter gelegene Abschnitt des Douglas'schen
Raumes erscheint stark vertieft. Der Wundraum wird von Blut ge-
reinigt, in seinem tiefsten Theil mit Jodoform ausgestäubt und dann
von aussen anfangend durch Annähung des abgelösten Peritoneum an
den ligirten Theil des Ligamentum latum mit fortlaufender möglichst
tief greifender Naht bis zum Uterus hin derart geschlossen, dass
sicher nur ein ganz kleiner dem tiefsten Grunde des Raumes ent-
sprechender Abschnitt desselben, welcher nicht ganz umstochen
werden konnte, unter der Nahtlinie zurückblieb.

---

[1]) Die sämmtlichen zur Verwendung gelangten elastischen Ligaturen
(dünne Drainageschläuche) hatten mindestens mehrere Wochen lang in Sublimatwasser 1 %o verweilt.

Schon bald nach Anlegung der äussersten Gummiligatur, bei welcher die starke Blutung entstand, war rechts am Beckenrande eine halbkugelige, reichlich halbapfelgrosse Anschwellung bemerkt worden, welche aber, so lange die Bauchhöhle noch offen war, nicht mehr wuchs. Auf der Oberfläche der übrigens vom Peritoneum bedeckten dunkelblaurothen Anschwellung war nahe ihrer unteren Basis in einem Rmgrossen Bezirke die Serosa defect. Hier schien blutig suffundirtes Bindegewebe blosszuliegen, ein Blutaustritt aus dieser Stelle fand nicht statt.

Nach Reinigung der Beckenhöhle von Blut wird etwas Jodoform in den Douglas'schen Raum eingeblasen und ebenso eine dünne Schicht desselben auf die gekürzten Ligaturen aufgetragen. Darauf Verschluss der Bauchwunde in doppelter Etage, in der unteren mit fortlaufender Catgut-, in der oberen mit Seidennaht.

Da bei straffer Ausspannung der vorderen Bauchwand hinter der Symphyse über der leeren Blase ein grösserer Luftraum hätte zurückbleiben müssen, wird vor Anlegung der Bauchnaht die Harnblase mit Borwasser soweit angefüllt, dass sie bis zum unteren Wundwinkel der vorderen Bauchwand anliegt.

Die linksseitigen Adnexa sind bei der Operation nicht beachtet worden.

Der grösste Theil der Operation wurde bei tiefliegendem Oberkörper und hochgelagertem Becken ausgeführt.

Verlauf: Aus dem Collaps, in welchen sie durch die Operation versetzt war, erholte sich Patientin noch im Laufe desselben Tages. Bald nach dem Erwachen klagte sie über heftige Schmerzen in der rechten Wade, die aber schon bis zum Abend hin nachliessen und bereits am nächsten Tage nicht mehr empfunden wurden. Dafür stellten sich bereits gegen Abend heftige wehenartige Schmerzen ein, nach Angabe der Patientin denen gleichend, die sie bei den früheren Schmerzensfällen empfunden hatte, zugleich zeigte sich ein geringer Blutabgang. Die Wehen hielten trotz Opium in der dem Operationstage folgenden Nacht in unverminderter Stärke an, verloren sich aber bis zum Abend des nächsten Tages allmälig nachlassend, ohne später wiederzukehren. An Stelle eines in der ersten Nacht bestehenden geringen Blutabganges trat am folgenden Tage eine gleichfalls nur geringe Absonderung von zuerst blutig schleimiger, dann rein schleimiger Beschaffenheit, welche nach einigen Tagen aufhörte; erst am 12. October zeigte sich wieder geringer blutiger, in den nächsten Tagen ebenfalls spärlicher blassschleimiger Ausfluss. Bei sorgfältigster Beachtung der Abgänge wurden keine Deciduatheile in denselben gefunden. Am Abend des 3. October schwollen die Brüste an, wurden schmerzhaft und liessen ein Wenig milchigen Secretes ausfliessen, in welchem unter dem Mikroskop keine Colostrumsondern nur Milchkörperchen verschiedener Grösse gefunden wurden. Bis zum 2. October war die Temperatur normal, am 3. stieg sie unter leichtem Frösteln bis 38,6 in Axilla; und blieb nun längere Zeit leicht fieberhaft, derart, dass sie bei morgendlichen meist vollständigen Remissionen Abends gewöhnlich 39° erreichte. — Vom 16. October an herrschten nur subfebrile Temperaturen mit nur einmaliger Steigerung bis auf 39°, am 6 November, von welchem Tage an dieselben einer nur noch wenige Male und auf kurze Zeit unterbrochenen Apyrexie Platz machten. Das Befinden war, nachdem der erste Shock nach der Operation und der ihr folgende Wehensturm überwunden, sehr bald ein gutes resp. wurde nur wenig durch die gewöhnlichen Flatulenzbeschwerden und leichte Tenesmen gestört, welche die ersten spontan erfolgenden und etwas diarrhoischen Stuhlentleerungen begleiteten.

Am 9. October bei dem ersten Verbandwechsel zeigte sich die Bauchwunde linear verheilt, die Haut nur an den untersten Stichcanälen leicht geröthet. Als die Nähte hier gelöst wurden, verbreitete sich unten die sehr zarte Narbe in auffälliger Weise.

Während in den ersten Wochen am Abdomen nichts Abnormes bemerkt worden und nur in den ersten Tagen ganz geringe Druckempfindlichkeit im rechten Hypogastrium bestanden hatte, zeigte sich am 27. October dicht über dem rechten Ligamentum poupartii eine kleine höckrige, etwas empfindliche Anschwellung. In der Nacht vom 5. auf 6. November empfand Patientin Schmerzen im linken Hypogastrium, in welchem nun gleichfalls eine mehr diffuse Resistenz gefunden wurde. Ferner bestand jetzt um den unteren Theil der Narbe herum, welche in ihrer Mitte hier oberflächlich zerfallen erschien, eine Infiltration der Bauchdecken und entleerte sich bei Druck aus derselben dünner geruchloser Eiter. Derselbe kam aus einem ungefähr wallnussgrossen, anscheinend über den Muskeln gelegenen Abscessraume. Nach Erweiterung der Durchbruchsstelle wurde der Abscess mit Jodoformgaze ausgefüllt. Am 10. November nur wenige Stunden andauernder ganz spärlicher Blutabgang aus der Scheide. Eine Untersuchung am 14. November vorgenommen ergab: Portio vaginalis etwas nach links von der Mittellinie, Fundus uteri wegen der links neben der Narbe bestehenden Spannung und Dicke der Bauchwand nicht deutlich palpirbar. Rechts neben dem Uterus wenig umfangreiche, nicht scharf begrenzte, unempfindliche Schwellung. Nachdem dieser Untersuchung keine Reaction gefolgt war, brachte Patientin die nächsten Tage auf dem Sopha zu. Am 17. November wurde die Narbe von der wieder verengten Abscess-öffnung aus einige Centimeter nach aufwärts gespalten, worauf die Schnittränder sich so stark retrahirten, dass der Zugang zu dem Abscess dieselbe Breite annahm, als dieser in seinem Grunde besass. Auf diesem, welcher durch die Narbe der zweiten Nahtetage gebildet war, wurde eine lose Seitenligatur gefunden.

Am 6. Dezember empfand Patientin im Anschluss an ein zum ersten Male nach der Operation genommenes Bad, leichtes Ziehen in der linken Hüfte, ohne dasselbe weiter zu beachten. Nachmittags nach einem Gehversuch Ohnmachtsanwandlung und heftige Schmerzen in der linken Regio inguinalis. Abends etwas blasses, angegriffenes Aussehen. Die Untersuchung ergiebt: Portio vaginalis hochstehend, hinter der Symphyse, Corpus uteri links dicht neben dem unteren Ende der Narbe zu fühlen. Ueber dem linken hinteren Scheiden-gewölbe rundliche, ziemlich derbe, kleinapfelgrosse Schwellung, deren oberer Umfang dicht über dem Ligamentum Poupartii von aussen zu tasten ist, rechts neben dem Uterus nichts Abnormes. In der nächstfolgenden Nacht bestanden noch heftige Schmerzen im linken Hypogastrium, am Tage aber weder diese noch war Druck-empfindlichkeit vorhanden, während die Temperatur auf 38,8°, am 8. Dezember Abends sogar auf 39° sich erhob. An diesem Tage erschienen die Menses, mit wenig erheblichem Abgange dunklen Blutes, welcher am 10. Dezember sistirte. Das Befinden war nun, bei von jetzt an wieder normaler Temperatur ein durchaus gutes.

Am 15. Dezember wurde, da bei fortbestehender ziemlich reichlicher Eiterung aus dem Abscess der Zugang zu diesem sich wieder erheblich verengt hatte, in der Mittellinie resp. der Narbe die obere Wand desselben in der Länge von 4 Ctm. unter lokaler Anästhesie gespalten. Auf dem Grunde des Abscesses fand sich, näher dem unteren Ende desselben, eine erbsengrosse von schlaffen Granulationen umgebene Oeffnung. Von dieser aus passirt die Sonde einen reichlich 6 Ctm. senkrecht nach abwärts verlaufenden Gang und stösst auf dessen Grunde auf einen festelastischen rundlichen Körper (Gummiligatur). Unsere Erwartung, es möchte die Ligatur von selbst zur Ausstossung gelangen, zeigte sich in der Folgezeit nicht zutreffend. Zunächst schien sie allerdings ein Weniges der oberen Fistelöffnung sich zu nähern, ohne aber weiter hinauf-zurücken, dann konnte eine schliesslich mehrere Centimeter betragende Zunahme des Fistelganges von der Stelle, wo die Ligatur lag und neben derselben nach abwärts, in der Richtung auf die Exsudatmassen im Douglas'schen Raum und ein sich einstellender, geringer eitriger Abfluss aus der Scheide die Hoffnung erwecken, dass die Ausstossung nach dieser hin zu Stande kommen würde, doch die Ligatur rührte sich nicht von der Stelle. Am 1. Januar er-schienen die Menses wieder, nachdem schon 4 Tage vorher stich-artige Schmerzen und vorübergehend Druckempfindlichkeit im linken Hypogastrium bestanden hatten, auch am 31. Dezember die lange Zeit normale Temperatur eine leichte Steigerung bis 38,2 erfahren hatte. Mit dem Eintritt der drei Tage lang nur sparsam fliessenden Menses hörten alle Beschwerden auf. Der Uterus fand sich bei einer wenige Tage darauf ausgeführten Untersuchung noch von dichten Exsudatmassen umgeben.

Am 14. Januar war die Fistel noch für Schulze'sche Sonde Nr. 5 (entsprechend der gleichen Nummer der englischen Bougie-scala) in der Höhe des Muskelspaltes durchgängig; nachdem an diesem Tage und den zwei nächstfolgenden Tupelostifte eingeführt waren, ohne dass eine erhebliche Reaction sich zeigte, war der Fistelgang für den kleinen Finger durchgängig geworden. In Narcose wurde er nun rasch mit Hegar'schen Bougies bis zur Nr. 17 der-selben dilatirt, worauf sich der Zeigefinger einführen und die im Grunde des Ganges vorliegende Ligatur leicht sich abtasten liess. Ich führte darauf eine schmale Nélaton'sche Zange ein und zog die bald gefasste Ligatur, welche einem mässig kräftigen Zuge folgte, leicht heraus. Im Grunde und in der rechten Seite des Abscessraumes, in welchen der Fistelgang führte, waren nun noch mehr Ligaturen zu fühlen. Nach einander wird erst eine einfache, dann eine grössere mit drei Schlingen entfernt. Die Abscesshöhle ist circa halbhühner-eigross, die Innenfläche etwas uneben, buchtig, grösstentheils mit weichen Granulationen ausgekleidet, zum Theil von derberem Ge-webe begrenzt. Der grössten Ligatur hängt ein Gewebsfetzen an von frischem Aussehen, ohne üblen Geruch. Die Verbindung des-selben mit der Gummiligatur besteht theils in wenig ausgedehnter

Verwachsung mit dem einen freien Ende derselben, theils liegt noch in der einen Schlinge ein dünner von ihm abgehender Strang von trockener, mumificirter Beschaffenheit. Beim Suchen der Ligaturen sind ausser diesen noch mehrere Gewebsstücke entfernt, die ausser aus Granulations- auch aus festerem Binde- und Fettgewebe bestehen und gleichfalls frisches Aussehen, keine Spuren von Fäulniss zeigen. Mit den Gummi- kamen auch noch mehrere dicke Seidenligaturen heraus. Die zur Entfernung der Ligaturen erforderlichen Manipulationen geschahen unter nur geringer Blutung. Nach Ausspülung der Wundhöhle mit Sublimatwasser wurde in dieselbe ein Jodoformstift eingeführt und mit Jodoformgaze und Watte verbunden.

Diesem Eingriffe folgten weder Schmerzen noch Fieber.

Am 18. Januar wurde ein Drainrohr eingelegt, das öfters gewechselt, am 4. Februar definitiv entfernt wurde. Statt dessen wurde von da ab täglich ein dünner Jodoformstift eingeführt, bis Ende dieses Monates, seitdem ist bei fortbestehender geringer Eiterung aus der Fistel nur ein einfacher aufsaugender Verband angewendet worden. Am 5. Februar wurde Patientin zunächst zu ihren hier wohnenden Eltern entlassen und kehrte, im Vollbesitz ihrer früheren Kräfte, am 12. März zu ihrem in einer anderen Stadt der Provinz wohnenden Manne zurück.

Die Menses erschienen noch während des Aufenthaltes in der Klinik am 28. Januar, nachdem in der voraufgehenden Nacht ziemlich heftige Schmerzen im Rücken und Epigastrium bestanden hatten. Diese begleiteten auch in geringer Stärke die nur 1½ Tage währende schwache Blutung. Die nächstfolgende Menstruation hatte vom 24. Februar bis 1. März stattgefunden. Sie verlief ohne alle Beschwerden, unter am zweiten Tage ziemlich starker, sonst mässiger Blutung.

Eine innere Untersuchung wurde zuletzt am 30. Januar vorgenommen. Sie ergab: Portio vaginalis von der Symphyse beträchtlich entfernt, beinahe in der Beckenmitte, Corpus uteri unter dem unteren Ende der Narbe, neben dem Uterus eine Anschwellung nicht mehr erkennbar, nur über dem hinteren Scheidengewölbe eine wenig umfangreiche, nicht empfindliche kautige Verdichtung.

Bei meinem letzten, der Patientin gemachten Besuche fand ich inmitten des verbreiterten flach eingezogenen unteren Endes der Bauchnarbe die Fistelöffnung von Erbsengrösse. Eine Sonde liess sich schräg nach rechts und unten noch leicht 10 Ctm. weit einführen. Sie bewegte sich anscheinend überall nur in einem engen Raume und stiess nirgends auf einen fremden Körper. Aus der Fistel wurde nur noch wenig guter Eiter secernirt.

Am 2. Juli 1885 wird Patientin noch einmal in die Klinik aufgenommen, weil die bei übrigens gutem Befinden noch immer fortbestehende Eiterung aus der Bauchfistel die Vermuthung nahelegte, dass doch noch eine verhaltene Gummiligatur die Ausheilung verhindere. Die Fistel war noch für eine 9 Mm. dicke Sonde bei einer Länge von 9 Ctm. durchgängig. Bei der Sondirung empfand Patientin Schmerzen in der Blasengegend. Nachdem durch einen Tags zuvor eingelegten Tupelostift der Fistelcanal ziemlich erheblich dilatirt worden, wird am 3. Juli in Narcose eine Untersuchung angestellt: der Finger lässt sich gegen 6 Ctm. weit in den Fistelgang einführen. An dessen Grunde findet sich eine enge Oeffnung, begrenzt von weichem Gewebe, welche dem Fingerdrucke allmälig nachgiebt. Man gelangt nun etwas nach links und vorn in einen circa wallnussgrossen Raum, auf dessen Boden eine Ligaturschlinge gefühlt wird. Dieselbe ist nur zum kleinen Theil frei, grösstentheils in Granulationen eingebettet, aus welchen sie mit der Fingerspitze frei gemacht wird. Der Finger wird vom hinteren Scheidengewölbe aus durchgefühlt; anfangs noch von einer dickeren derben Granulationsgewebsschicht von diesem getrennt, die dann leicht durchbrochen wird. An dieser Stelle wird das mit Rinnenspeculum eingestellte hintere Vaginalgewölbe von der Scheide aus incidirt, und unter Leitung des von oben her eingeführten Fingers die Ligatur mit einer von der Vagina her eingeführten Kornzange gefasst und ausgezogen. Es ist eine einfache dünne Gummidrainschlinge, die Faden sind mit Seide vernäht, der Gummi von ganz frischem Aussehen, mit glatter Oberfläche, durchaus geruchlos. Ein Drainrohr wird von der äusseren Fistelöffnung nach der Scheide hin durchgeleitet.

Auch nach diesem Eingriffe zeigte sich keine nennenswerthe Reaction. Am 22. Juli wurde die einmal gewechselte Drainage definitiv entfernt, am 28. Juli die Patientin mit noch mässig secernirender Fistel entlassen. Ueber dem hinteren Scheidengewölbe befand sich noch eine derbe Exsudatmasse, daneben, im linken hinteren Beckenraume eine beinahe hühnereigrosse, unempfindliche Schwellung.

Noch im Januar 1886 war die Fistel bis auf 7 Ctm. Tiefe

sondirbar. In den letzten Monaten waren nur noch periodisch unter Durchbrechung der in der Zwischenzeit sich immer wieder bildenden Narbendecke über der äusseren Fistelöffnung geringfüge Eiterentleerungen erfolgt. In der letzten Zeit hatte Patientin den oberen Theil der Fistel durch häufige Sondirungen offen erhalten.

Am 25. October habe ich die Operirte zuletzt gesehen.

Die Fistel hatte sich nach der Untersuchung im Januar bald definitiv geschlossen. Menses seitdem regelmässig von mittlerer Menge (etwas stärker als früher), ohne Beschwerden, stets sehr gutes Befinden, gesundes Aussehen.

Der untere Theil der Narbe stark verbreitert. Unter derselben beinahe erbsengrosse Lücke in den tieferen Schichten der Bauchwand. Uterus klein, in normaler Lage, ziemlich beweglich, das hintere Scheidengewölbe hoch hinaufgezogen, keine Spur von Schwellung. Die Operirte giebt an, dass bei aufrechter Stellung das Centrum der Narbe stark eingezogen werde.

Beschreibung der bei der Operation entfernten Theile.

Der Fötus männlichen Geschlechtes, frischtodt. Die Haut und unterliegenden Weichtheile an der rechten Schulter und Oberarm sowie an der rechten Schädelseite sugillirt, sonst die Haut durchscheinend, von Gefässnetzen durchzogen. Steissscheitellänge 14,1 Ctm.

Das Becken im Verhältnisse zum Thorax sehr klein, auch die unteren Extremitäten auffallend kurz. Rechte Unterextremität in normaler Beugestellung mit hochgradigem Pes valgo-equinus. Linker Fuss in mässiger Varusstellung, der linke Oberschenkel stark nach auswärts rotirt. Unterschenkel flectirt, kreuzt sich mit dem rechten Oberschenkel derart, dass die Ferse in der Regio inguinalis dextra ruht. Thorax in sagittaler Richtung comprimirt. Schädel links hinten unter Zuspitzung des Hinterhauptes facettenartig flach gedrückt, Gesicht asymmetrisch, die linke Hälfte flacher und gegen die rechte aufwärts verschoben.

Am linken Vorderarme an der Radialseite durchsichtige 2 bis 3 Mm. hohe Hautfalte, welche von der Haut des Oberarmes an der Ellenbeuge ausgehend sich bis zur Radix carpi erstreckt und eine Extension des Armes über einen rechten Winkel hinaus nicht zulässt. Am Nacken ein ödematöser Hautwulst von beinahe Kirschengrösse; ferner ein gleichbeschaffener eckiger Wulst und darunter ein kleinerer in der linken Glutaealgegend. Am oberen Umfange der Radix penis Haut gleichfalls ödematös geschwellt.

Der **Fruchtsack** bildet noch in leerem Zustande eine beinahe zwei faustgrosse Masse. Die Placenta nimmt den grössten Theil der Innenfläche ein, ist am hinteren oberen Umfange des Sackes am dicksten, beinahe 2 Ctm., das Zottengewebe von etwas grobkörnigem, übrigens normalem und frischem Aussehen. Am inneren oberen Umfange ist das stark verdickte Peritoneum mit der eigentlichen Fruchtsackwand nur locker verbunden und leicht zu isoliren. In diesem Gebiet befindet sich der etwas verdickte Stumpf des zuführenden Tubenendes. Sein Canal lässt sich mit einer feinen Sonde leicht verfolgen. Aufgeschnitten zeigt er eine weissgelbliche, stark aufgelockerte, fast zerfliessend weiche Mucosa, die mit plumpen Längswülsten besetzt ist. Das Tubenrohr zieht in einer Länge von 39 Mm. aus der Oberfläche des Fruchtsackes kaum hervortretend gestreckt nach aussen und endet dann, kurz nach der Höhle des Fruchtsackes umbiegend, blind. Unmittelbar unter dem blinden Ende stösst man auf die Oberfläche der Placenta. Dicht hinter dem Tubenstumpfe liegt auf der Oberfläche des Sackes das Ovarium, 31 Mm. lang. Seine innere Hälfte wird eingenommen von einem sehr schön entwickelten Corpus luteum; das entsprechend der Längsaxe des Eierstockes 16 Mm., in der Höhe 8,5 Mm. misst und im Centrum einen spaltförmigen, von zartem Bindegewebe noch nicht vollkommen ausgefüllten Hohlraum enthält. Das Ovarium sitzt der den Fruchtsack bedeckenden Serosa dicht auf. Letztere lässt sich grade hier, mit der verdichteten Subserosa zusammen eine Lamelle von 3—4 Mm. Dicke bildend, von der eigentlichen Fruchtsackwand leicht abheben. Diese erscheint als durchscheinend dünnes Häutchen, welches aussen glatt, die unterliegende Placenta überkleidet. An dem wenig umfangreichen, nicht vollständig mit entfernten Theile des Fruchtsackes, welchen die Placenta freiliess, ist durch Präparation eine Trennung zwischen Peritoneum und besonderer Wandung nirgends durchzuführen. Auf der Höhe des Fruchtsackes scheint das Placentargewebe durch die Oberfläche durch. Auf dem Durchschnitt bildet hier die allein aus Peritoneum bestehende Wand nur noch eine ganz feine Schicht.

Das Infundibulum tubae ist an dem Fruchtsack nicht aufzufinden. Nabelschnur, nicht gewunden, inserirt sich nahezu im

Centrum der Placenta. In dieser finden sich zahlreiche Ablagerungen geschichteten Fibrins, die zunächst an der mütterlichen Seite liegen und bis zu ein Drittel von der Gesammthöhe der Placenta einnehmen.

Zur mikroskopischen Untersuchung wurden aus verschiedenen Gegenden des Fruchtsackes Theile desselben im Zusammenhange mit der Placenta benutzt. Die Wanddicke wechselt zwischen 2 Ctm. und 1 Mm. An den untersuchten Stücken war über der Placenta eine besondere, der Tubenwand entsprechende Gewebslage nicht nachzuweisen, vielmehr zeigte die Wand in ihrer ganzen Dicke in allen Schichten einen übereinstimmenden Bau und engen Zusammenhang und besteht überall wohl nur aus der Serosa und dem subserösen Gewebe des breiten Bandes. An den dickeren Theilen der Wand herrscht ein grosser Reichthum an glatter Muskulatur. Diese beginnt dicht unter dem Peritoneum und findet sich meist noch in nächster Nähe der Placenta in Form von schmäleren und breiteren in verschiedenen Richtungen sich kreuzenden Bündeln, deren Fibrillen entschieden hypertrophisch sind. Die Zwischenräume füllt meist ein lockeres Bindegewebe.

Ferner enthält die Wand sehr zahlreiche Gefässe; namentlich fallen grössere Venen auf mit ungewöhnlich stark entwickelter Muscularis. Die meisten besitzen eine Längs- und Ringfaserschicht, von denen die letztere sich durch überwiegende Mächtigkeit auszeichnen. In der inneren Muskelschicht finde ich, doch nur an einigen Gefässen, eine Bindegewebswucherung, welche diese Schicht bald in ihrer ganzen Dicke durchsetzt, bald nur eine schmale Lage unter der Intima bildet, überall nur einen Theil der Gefässperipherie einnimmt. Auch an Arterienquerschnitten ist hier und da eine Neubildung kernreichen Bindegewebes vorhanden, die aber auf die Intima beschränkt, eine erhebliche Verdickung dieser Haut und entsprechende Verengung der Lichtung bedingt. In nächster Nähe der Placenta liegen weitere Gefässräume, die theils noch eine muskulöse Wandung besitzen, theils ohne eine solche gegen das umgebende Bindegewebe nur durch die auskleidende Endothelhaut begrenzt sind und von verschiedenen Seiten her einmündende Capillaren in sich aufnehmen.

Eigenthümliche Veränderungen lassen sich an manchen venösen Sinus in den tiefsten Lagen der Fruchtsackwand beobachten und zwar solcher Art, wie sie zuerst von Friedländer[1]) an den

---

[1]) Untersuchungen über den Uterus. Leipzig 1870.

Uterinsinus der Placentarstelle in den letzten Monaten der Schwangerschaft aufgefunden sind. Es handelt sich zunächst um das Auftreten ganz eigenartiger grosser Zellen im Lumen des Gefässes, in
welchem sie theils in Gruppen frei, theils in höherer und niedrigerer
Schicht der Intima anliegen und welche die Lichtung einzelner Gefässe
nahezu ganz erfüllen. Als mittlere Grösse des Zellkörpers fand ich
25 µ, des Zellkernes 12,5 µ Durchmesser. Das Protoplasma ist
fein granulirt. Mit wenigen Ausnahmen besitzen die Zellen nur
einen Kern; ihre Gestalt ist meist rundlich, doch kommen auch
birn- und keulenförmige vor, deren schmalere Enden der Intima
anhaften. Die Gefässe, welche solche Zellen enthalten, besitzen zum
Theil gar keine, zum Theil nur eine auf eine schmale periphere
Schicht beschränkte Muscularis. Uebrigens wird die Wand gebildet
von einer ziemlich breiten Lage einer homogenen, den Farbstoff
schwach annehmenden Substanz, welche innen mit einer Endothel-
schicht ausgekleidet, Zellkerne in grösseren Abständen enthält.
Aussen schliesst sich, wo eine Muscularis nicht vorhanden ist, direct
das Bindegewebe der Umgebung an, gewöhnlich mit der Innenwand parallel gerichteter Faserung: In der so beschaffenen Gefässwand finden sich nun Zellen eingeschlossen von derselben Grösse
und sonstigen Beschaffenheit, wie die im Lumen liegenden, die zum
Theil von der hyalinen Schicht noch ganz umfasst, zum Theil nach
innen von dieser mit kleineren Elementen zwischen sich in einfacher
und doppelter Reihe liegen und die Endothelhaut nach dem Lumen
hin vorbuchten. Diese Gefässe zeigen meist noch anderweitige Veränderungen, umschriebene, von subendothelialer Einlagerung kleinerer
Zellen herrührende Verdickungen der Intima und wandständige,
theils frische, theils schon in Organisation begriffenen Thromben. In
ihrer nächsten Umgebung finden sich vielfach grössere und kleinere
Herde von dichtliegenden Rundzellen.

Einen nicht selten anzutreffenden Befund bilden offen in den
Placentarraum ausmündende Sinus. Zum Theil sind es schmalere
Gefässe mit relativ dicker hyalinisirter Wandung, deren an die
Durchbruchsstelle angrenzende Abschnitte als abgerundete Balken
gegen die Zottenmasse vortreten. Daneben finden sich auch weite
Gefässräume mit rundem Lumen, welche an der oberen Hälfte mit
gut entwickelter Muscularis versehen, an ihrem unteren Umfange
mehr und minder breit eröffnet und mit Zottenverzweigungen vollständig erfüllt sind. Ueberall gewinnt näher der Durchbruchs-

stelle die Gefässwand ein verändertes Aussehen, indem hier zuerst nur dicht unter dem Endothel, weiter nach abwärts in immer grösserer Mächtigkeit und unter vollständiger Verdrängung der muskulösen und bindegewebigen Wandelemente grosse Deciduazellen gleichende Elemente erscheinen. Diese Zelllager setzen sich von der Stelle, wo die Gefässwand in Folge des Einbruchs der Zottenmasse unterbrochen ist, unmittelbar in die Grenzschicht der Fruchtsackwand gegen die Placenta fort.

Diese Grenzschicht beschreibt nach der Placenta hin eine stark gebrochene Linie, die mit ihren Winkeln und Ausbiegungen vielfach tief in die Zottenmasse einschneidet, ein Verhalten, welches sich erklärt mit der oben beschriebenen Eröffnung und theilweisen Erfüllung von Wandsinus seitens der wuchernden Placenta foetalis.

Die Grenzschicht besteht zum grössten Theil aus Zellen derselben Art, wie die oben beschriebenen Gefässzellen, doch von meist etwas geringer Grösse 15—18 μ.

Diese Elemente nehmen nur selten dicht gedrängt die ganze Breite der Grenzschicht ein, meist liegen sie in Reihen und auch in rundlichen Nestern von einer körnigen und streifigen Gerinnungsmasse umgeben, die bei Hämatoxylin- und Alauncarminfärbung schwach gefärbt, zuweilen auch nur in grauem Farbentone erscheint. Diese bildet fast überall in zusammenhängender Lage den Abschluss der Grenzschicht nach unten, gegen den Placentarraum hin. Sie umfasst dabei die an der Wand haftenden Zotten bald an ihren Köpfen, bald an der Langseite, dabei grenzt das Zottenbindegewebe theils nackt an diese Kittmasse, zum Theil ist das Zottenepithel noch erhalten. An Stellen, wo die Zotten breiter von dieser Substanz umfasst sind, liegen ihnen gewöhnlich von den die Grenzschicht bildenden Zellen grössere und kleinere Nester unmittelbar an. Ausserdem finden sich auch weiter in der Tiefe zwischen den Zotten und mit einzelnen in Verbindung isolirte Knoten von gleicher Zusammensetzung.

Die grösseren Fibrinherde in der äusseren Schicht der Placenta finden sich durchgehends an Stellen, wo die Fruchtsackwand stark verdünnt ist. Hier besteht sie meist nur noch aus dem Bindegewebe der Serosa. Höchstens liegen ganz nahe der unteren Fläche einzelne schmale Muskelbündel. Die Grenze gegen das Fibrin ist meist gradlinig, stellenweise auch zackig in Folge davon, dass Fibrinablagerungen zwischen die tiefsten Lagen des Bindegewebes sich einschieben.

Das Fibrin ist nahe der Fruchtsackwand intensiv tingirt, von feinen Canälchen durchzogen, die meist leer, nur an einzelnen Stellen isolirte kleine Rundzellen enthalten. Mehr nach der Tiefe zeigt das Fibrin breitere Streifung und auch netzförmigere Anordnung und umschliesst neben Placentarzotten auch Nester der oben beschriebenen Zellen.

Die Placenta foetalis verhält sich im Allgemeinen normal, nur zeigen die feineren Zottenzweige, auch die Endzotten, vielfach etwas plumpe Formen, grössere Breite und einen Bau des Stroma, wie er dem Chorion frondosum noch jüngerer Eier zukommt: neben spärlichen Anfängen von Fibrillenbildung netzförmig verzweigte Zellen mit zum Theil leeren, zum Theil von kleinen runden Elementen gefüllten Lücken. Das Epithel und die Gefässe bieten auch an diesen Zotten keine Veränderungen dar.

In der Wand des Fruchtsackes finden sich in einem grossen Theile der untersuchten Partieen, da, wo die muskelreiche Subserosa noch dem andringenden Placentargewebe nicht gewichen ist, zwischen den Muskelzügen der ersteren, grosse, mit Epithel bekleidete Spalträume. Diese haben ausser der epithelialen Auskleidung keine andere Begrenzung gegen das umgebende Bindegewebe. Ihre Ausdehnung in der Fläche der Fruchtsackwand ist zum Theil eine sehr erhebliche, an mehreren Schnitten 1 Ctm. und mehr in der Längsrichtung betragend. Meist sind die Räume einfach gestaltet, mit gradliniger und welliger innerer Begrenzung, nur einzeln zweigen sich kurze und schmale Seitengänge ab. Das Epithel, welches in einfacher Schicht die Spalträume auskleidet, hat sehr flüssige Formen, an einzelnen Stellen setzt es sich aus kubischen, an anderen aus Pflasterzellen, an anderen wieder aus ausgesprochenen, zum Theil sogar recht hohen, überall aber noch relativ breiten Cylinderzellen zusammen. In dem Epithel und den benachbarten Bindegewebszellen ist vielfach körniges Blutpigment enthalten. Die Räume selbst sind ohne Inhalt. Neben den grossen Spalten kommen noch kleinere vor, oft in der Nachbarschaft der ersteren und gleichfalls mit ihrem langen Durchmesser der Wandfläche parallel, ferner mit demselben Epithel und ohne weitere Begrenzung im Bindegewebe gelegen. Einmal sah ich ausserdem im Querschnitte zwei $2/10$ Mm. weite, runde Räume, die dicht nebeneinander im Bindegewebe lagen, mit einem Saume von gleichmässig würfligem Epithel, und im Innern eine hyaline, etwas glänzende Masse enthielten.

Neben diesen verhältnissmässig weiten und langgestreckten
Gängen sehe ich in den dickeren Partieen der Wand anders geartete,
ganz enge Lumina mit einem Kranz würfelförmiger Zellen ausgestattet. Diese engen Räume liegen im Centrum von Muskelbündeln
und entbehren jeder besonderen Wandung. Ihr Habitus ist entschieden
nicht der von Blut- oder Lymphgefässen, wofür Schuchardt[1])
gleichgeartete, ebenfalls von Muskulatur umschlossene Gänge, die
er in der Wand eines intraligamentösen Fruchtsackes auffand,
ansprach.

Es liegen bisher genauere Untersuchungen über den Gehalt des
Ligamentum latum an epithelialen Einschlüssen leider nicht vor, welche
die Deutung dieser Befunde erleichtern könnten. Bei den grösseren
Gängen, die ich in dem über dem Ei ausgebreiteten Zwischengewebe des Ligamentum latum aufgefunden habe, wäre zunächst
an das Epoophoron zu denken, dessen Canälchen bei Entfaltung der
Mesosalpinx in die Wand des Fruchtsackes hineingezogen werden
und in Folge der fortschreitenden Dehnung dieser Wand von einander abrücken müssen. Theils durch die von aussen wirkende
Dehnung, theils durch Abscheidung von Flüssigkeit in das Lumen
der Canälchen, ein Vorgang der unter dem Einfluss der die Schwangerschaft begleitenden Hyperämie sich leicht entwickeln kann, ist es
möglich, dass wenigstens einzelne der Drüsengänge an Umfang
sehr gewinnen.

Mit Epithel ausgekleidete Gänge in der Wand des Fruchtsackes sind in den verschiedensten Altersstufen der Extrauterinschwangerschaft etwas gewöhnliches. Neben der später zu gebenden
anderweitigen Erklärung solcher Befunde möchte ich hier noch daran
erinnern, dass ausser dem Epoophoron sowohl Reste des Urnieren-
theils des Wolff'schen Körpers als auch embryonale Einschlüsse
abgeschnürten Keimepithels (Waldeyer) im Ligamentum latum dem
Befunde von Epitheltragenden Canälen zu Grunde liegen können.

Der makroskopisch wahrnehmbaren Schwellung und Lockerung
der Mucosa im Isthmus tubae entspricht unter dem Mikroskope ein
Zustand derselben, der wohl am ehesten mit dem von Martin[2])
als Salpingitis catarrhalis beschriebenen übereinstimmt.

---

[1]) Virchow's Archiv Bd. 89 S. 139.
[2]) Ueber Tubenerkrankung. Zeitschrift für Geburtsh. u. Gyn. Bd. 13
Heft 2 S. 302.

Im ganzen Umfange des Tubenrohres sind nur wenige Längsfalten vorhanden. Die Buchten zwischen ihnen reichen nicht bis
zur äusseren Schleimhautgrenze, sondern dort, wo die gleich zu
beschreibende Veränderung der Mucosa am ausgesprochensten ist,
bildet diese mit mindestens zwei Dritteln ihrer Dicke eine gleichmässig zusammenhängende Lage, und nur die innersten Abschnitte
erheben sich gegen das Lumen in Gestalt weniger plumper und
breiter Falten. Die ganze Schleimhaut. ist der Sitz einer dicht-
gedrängten, kleinzelligen Infiltration. Auf sehr dünnen Schnitten
lassen sich aus der Masse der in das Stroma eingelagerten Zellen
reichlich verzweigte Capillaren unterscheiden, deren Endothelzellen
stellenweise stark gequollen, in allen Dimensionen mit Einschluss
des Kernes erheblich vergrössert erscheinen. Daneben ist die Substanz der Mucosa von kleineren und grösseren, rundlichen, ovalen
und ganz unregelmässig zackig gestalteten Hohlräumen durchsetzt,
die vielfach untereinander anastomosiren.

Das Epithel, welches diese Räume auskleidet, ist meist etwas
niedriger und breiter, als das normale Tubenepithel, an manchen
Stellen aber auch mit diesem vollständig übereinstimmend. Inmitten
des Epithelsaumes findet man fast überall auf der Durchwanderung
begriffene, weisse Blutzellen, und die Hohlräume selbst, mit Frei-
lassung einer Randzone, fast durchgehends mit zelligem Exsudate
erfüllt.

Diese Hohlräume entsprechen zum kleinen Theile peripheren
Abschnitten des Tubenlumen, welche durch weiter aufwärts ein-
getretene Verschmelzung der ursprünglich getrennt stehenden Schleimhautfalten jetzt gegen das centrale Lumen abgeschlossen sind. Der
Mehrzahl nach sind die Hohlräume jedenfalls neu gebildet und durch
Einstülpungen des Oberflächenepithels in das entzündlich verdickte
und gelockerte Schleimhautstroma hinein entstanden.

An der Innenfläche der Mucosa liegt fast überall das zellig
infiltrirte Stroma zu Tage; nur an einzelnen Stellen findet sich noch
in schmaleren Buchten das Tubenepithel erhalten. Meist liegt der
von Epithel entblössten Oberfläche eine körnige Gerinnungsmasse
an, welche, schwach gefärbt, Zellkerne in grösseren Abständen umschliesst.

Die beschriebenen Veränderungen finden sich am ausgepräg-
testen in der Nähe des Ueberganges der Tube in den Fruchtsack.
Sie beschränken sich übrigens auf die Mucosa, denn in der Muscu-

laris tubae zeigen sich nur die zur Mucosa führenden Gefässe von Rundzellenzügen eingescheidet, die nur in der nächsten Nähe der Schleimhautgrenze einzelne etwas grössere rundliche Herde bilden. Uebrigens verhält sich die Muscularis vollkommen normal.

Der oben skizzirte Befund, den ich in einer, bei schwacher Vergrösserung aufgenommenen Zeichnung wiederzugeben versucht habe (Fig. 1), lässt eine genauere Altersbestimmung schwerlich zu. Er kann, wenn auch in geringerem Grade, bereits vor der Conception bestanden und die Tubenschwangerschaft veranlasst haben, umgekehrt aber auch erst ein Product der letzteren sein. Für die Annahme eines bereits länger bestandenen Leidens am inneren Genitalapparat bietet die Anamnese gewisse Anhaltspunkte; auf der anderen Seite liegt es wieder nahe, die fragliche Veränderung mit dem Reizzustande zu erklären, der im Bereiche des in der Fortentwicklung begriffenen Eies die nächst beteiligten mütterlichen Gewebe ergreifen und seinen Einfluss auch noch auf die von der Fruchtsackbildung verschont gebliebenen Abschnitte der Tube erstrecken konnte.

Jedenfalls liefert dieser Befund eine Erklärung für Veränderungen, welche nach dem Ablaufe einer weiter vorgerückten Tubenschwangerschaft an der Tube ausserhalb des Fruchtsackes vorkommen können. Sowohl die vollständige Obliteration der dem Fruchtsacke angrenzenden Tubenabschnitte als deren Verödung mit Hinterlassung feiner, mit Epithel ausgekleideter Gänge in dem das frühere Lumen erfüllenden Gewebe (cf. Arch. f. Gyn. Bd. 19 S. 101) werden das Endergebniss des vorliegenden Processes sein können.

Fall II. Rechtsseitige Tubenschwangerschaft. Abortirt im 2. Monat. Haematocele intraperitonealis. Laparotomie. Exstirpation der schwangeren Tube. Genesung.

Frau B., 31 Jahre 6 Monate alt, Kiel. Aufgenommen 10. November 1885.

Seit dem 18. Lebensjahre zuweilen hysterische Convulsionen. Seit 1880 verheirathet. In diesem Jahre rechtzeitige natürliche Geburt und angeblich normales Wochenbett. Seit 1882 Menses zu häufig und stark, 1883 Curettement der Uterushöhle wegen Endometritis hyperplastica. Darnach $3/4$ Jahr lang gutes Befinden und normale Menstruation in dreiwöchentlichen Pausen. Im Sommer 1884 stärkerer Fluor albus. Von da ab wieder zu häufige und starke Menses — seit ¼ Jahr nahezu beständiger, anfangs sehr reichlicher, jetzt schon längere Zeit nur noch spärlicher Blutabgang. Vor 5 Wochen einen Tag lang Erbrechen mit Schmerzen in der Magengegend. Seit vier Wochen heftige sich häufig einstellende kolikartige Schmerzen im Unterleibe.

' Status praesens. Mässig anämisch, ziemlich abgemagert. Abdomen etwas meteoristisch aufgetrieben, oberhalb der Symphyse und nach rechts hin gegen Druck empfindlich.

Innerlich. Port. vaginalis links, etwas vor der Mittellinie. Uterus etwas vergrössert, liegt mit dem Fundus nach hinten und einer im hinteren Beckenraum enthaltenen Anschwellung dicht auf. Letztere wölbt das hintere Scheidengewölbe mässig vor und erstreckt sich, in der Mitte nach unten hin abgerundet, unter zunehmender Abflachung bis an die rechte Beckenwand heran. Vom Rectum aus unterscheidet man in der rechten Seite innerhalb der retrouterinen Geschwulst mehrere kleinere, rundliche, dem Anschein nach cystische Abtheilungen.

Die Behandlung bestand in der ersten Zeit nach der Aufnahme in absoluter Bettruhe, Sorge für regelmässigen Stuhl, Cataplasmen von Moorerde. Bei mässigem Fieber mit Abendtemperaturen von 38,8—39,2 ⁰ wechselten mit fast schmerzfreien Tagen solche, während welcher heftige paroxysmenweise verlaufende Schmerzen im rechten Hypogastrium bestanden.

10. December 1885 Laparotomie. Incision bis zum Nabel aufwärts. Nach Hochlagerung des Beckens lässt sich der Darm durch eingelegte Schwämme vom Beckeneingang nach oben zurückhalten derart, dass der Inhalt des kleinen Beckens ganz frei übersehen werden kann. Von dem mässig vergrösserten Corpus uteri zieht die rechte Tube in der Länge von reichlich 4 Ctm. frontal nach aussen, in dieser Ausdehnung von normalem Kaliber. Von da ab verläuft sie, zum Umfang einer Dünndarmschlinge erweitert, mit einer starken, ringförmigen Einschnürung inmitten des aufgetriebenen Theiles nach hinten und abwärts zum Douglas'schen Raume. Nach Anlegung von Umstechungen in den unteren Theil des Ligamentum latum und zu beiden Seiten von dem erweiterten Tubenabschnitte wird dieser von innen anfangend abgetrennt. Nachdem die Tube, soweit sie sich mit dem Auge nach dem Douglas'schen

Raum hin verfolgen lässt, frei gemacht worden, wird mit der Hand in den letzteren eingegangen. Hier findet sich als Fortsetzung der erweiterten Ampulle eine beinahe faustgrosse runde, fluctuirende Geschwulst. Bei dem Versuche, sie vom Peritoneum zu lösen, berstet sie unter Ergiessung von dunkelolivfarbener, später dunkelblutiger, geruchloser Flüssigkeit. Darauf lässt sich ein oberes Segment der eröffneten Geschwulst in Zusammenhang mit der Tube entfernen. Nachträglich werden aus dem Douglas'schen Raume noch mehrere dunkel lederfarbene, zum Theil auch beinahe schwarze, grosse Gerinnsel entfernt. Der Einblick in den Douglas'schen Raum ergiebt jetzt am Boden desselben eine flache, innen unebene, von hämorrhagisch durchsetztem Gewebe ausgekleidete Höhle, welche nach vorn vom rechten Umfang des Uterus und dem Ligamentum latum, nach hinten von einer Bindegewebsmembran mit zackig angerissenen Rändern begrenzt wird. In den Hohlraum, aus dem es nur wenig blutet, wird Jodoform in geringer Menge eingebracht, darauf die hintere flottirende Wand an die Rückfläche des Uterus, resp. des Ligamentum latum angenäht. Das rechte Ovarium, das bereits bei Absetzung der Tube zum Theil mit abgetrennt ist, wird schliesslich ganz entfernt. Verschluss der Bauchwunde in doppelter Etage mit Catgut.

Die Heilung nahm einen ungestörten Verlauf. Temperaturmaximum 38,2°. Vom 23. bis 25. December Menses ganz normal. Bei einer am 27. December ausgeführten Exploration fand sich der Uterus vertical im Becken, nach rechts und hinten noch von einer flachen, wenig empfindlichen, weichen Schwellung umfasst. Nach der Untersuchung klagte Patientin einen Tag lang über Kopfschmerzen und Schmerzen im rechten Hypogastrium. Die Temperatur am Abend des auf die Untersuchung folgenden Tages 38,0°; war von da ab wieder normal. Am 2. Januar 1886 verliess Patientin das Bett und am 10. Januar die Anstalt.

Die Untersuchung der entfernten Theile ergab Folgendes: Die Tube wird von dem Isthmus aus schrittweise sondirt und eröffnet. Das Lumen, Anfangs normal, erweitert sich entsprechend der äusseren Anschwellung plötzlich sackförmig, zu einem Raume von beinahe Wallnussgrösse. Aus demselben entleert sich dunkelolivfarbener, etwas dicklicher, aber noch leicht fliessender Inhalt. Daneben findet sich ein reichlich taubeneigrosser Körper, beim ersten Anblick vom Aussehen eines alten Blutgerinnsels. Derselbe haftet der Tubenwand in einem zwanzigpfennigstückgrossen Bezirke

leicht trennbar an, liegt übrigens lose in dem erweiterten Tuben-
raum. Nach Entfernung des aussen dem Körper ansitzenden alten
Blutes ergiebt sich, dass er aus einer vielfach gefalteten Membran
besteht, die ein deutliches Lumen nicht mehr umschliesst. Sie ist
auf der einen Fläche mit Zotten besetzt, die grösstentheils fein und
spärlich verzweigt, in einem kleinen Bezirke stärkere Verästelung
und bis zu 1½ Ctm. Länge besitzen. Die mikroskopische Untersuchung ergiebt ein Fehlen des Epithels an den Zotten und der
Chorionmembran. Die Stromazellen körnig zerfallen. Aus dem das
Ei beherbergenden Tubenabschnitte gelangt man durch eine, für

Figur 1.

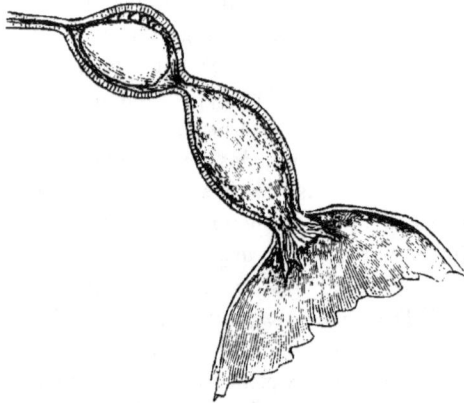

eine dicke Sonde leicht durchgängige, excentrisch gelegene Oeffnung
in einen zweiten, erweiterten Tubenabschnitt von ungefähr derselben
Geräumigkeit. Dieser ist ausschliesslich mit Flüssigkeit von der
oben angegebenen Beschaffenheit erfüllt. An der Stelle, wo das
Ei an der Innenfläche der Tube adhärirte, ist die Schleimhaut
dunkelbraun verfärbt, auf dem Durchschnitte bis zu 2 Mm. Tiefe
rostfarben, sehr derbe. Unter dieser Schicht liegen einzelne kleine
thrombosirte Gefässe. Uebrigens ist die Tubenschleimhaut zu meist
dicken Wülsten und Falten erhoben, sehr weich, glasig durchscheinend. Dem lateralen Ende der Tube sitzt die obere Wand des
im kleinen Becken eröffneten Blutraumes in Form eines Kugel-
segmentes von circa 5 Ctm. Durchmesser an. Die äusserste Schicht

desselben wird gebildet von einer dünnen Bindegewebskapsel, in deren Centrum das laterale aufgetriebene Ende der Tube sich breit einpflanzt. Von der Tubenserosa ziehen kurze, zarte und dickere Bindegewebsadhäsionen auf die ansitzende Kapsel des Blutherdes hinüber. Nach Entfernung eines Theiles des der Kapsel noch anhaftenden alten Blutgerinnsels wird an der Innenseite das Infundibulum tubae sichtbar. Die kurzen, plumpen Fimbrien begrenzen eine reichlich erbsengrosse Oeffnung, durch welche das breitere Blatt der Scheere sich ohne weiteres in das angrenzende erweiterte Lumen der Tube einführen lässt (cf. die beigegebene Skizze). Das rechte Ovarium enthält ein grosses Corpus luteum.

Eine vollständige mikroskopische Durcharbeitung des Präparates hat leider nicht stattfinden können, weil von demselben, nachdem es zur Conservirung in Stücke zerlegt war, alle bis auf eines verloren gegangen sind. Glücklicherweise ist das erhaltene Stück gerade der Theil der Tube, in welchem das Ei gesessen hat.

Die Eiinsertionsstelle ist noch kenntlich an Fibrinauflagerungen, die mit der Wand fest verschmolzen sind. Die von diesen Gerinnseln bedeckte Fläche hat ungefähr 1½ Ctm. im Durchmesser. Dicht neben ihr finden sich auf der einen Seite an dem im Querschnitte untersuchten Präparate in der Mucosa in mehreren Etagen liegende Hohlräume. Dieselben liegen mit ihrer grössten Ausdehnung concentrisch zum Lumen der Tube und sind meist niedrige Spalten von verschiedener Grösse. An der Innenfläche der grösseren erheben sich einfache und verzweigte Vorsprünge, die im Querschnitte getroffenen Längsfalten entsprechen. Die meist schmalen Septa zwischen den Spalträumen enthalten zum Theil wieder ganz feine Lumina in ihrem Innern, die ebenso wie die grösseren Hohlräume mit Cylinderepithel ausgekleidet sind (cf. Fig. 2).

Auf der entgegengesetzten Seite liegen neben der Eihaftstelle die Hohlräume bis zu fünf Etagen übereinander. Die tieferen haben grössere Ausdehnung in der Längsrichtung und sind stark geschlängelt; auch isolirt stehende Durchschnitte lassen sich nach ihrer gegenseitigen Lagerung vielfach als seitliche Ausbiegungen eines in starker Schlängelung verlaufenden Hohlschlauches erkennen. In weiterer Entfernung von dem Eisitze nimmt die Grösse und die Zahl der unter der Innenfläche gelegenen Hohlräume ab, die hier meist nur noch in einer Reihe liegen. An der dem Eisitze gegenüberliegenden

Wand besteht freie Faltenbildung in der Art, wie sie dem mittleren Theile der Tube normaler Weise zukommt.

Die Mucosa bildet eine reichlich ein Millimeter dicke Lage mässig kernreichen und ziemlich dichten Bindegewebes. Nur die innerste Balkenlage, welche die dem Lumen zunächst liegende Schicht der Hohlräume gegen dieses abschliesst, ist mit Rundzellen dicht durchsetzt. Auf der freien Schleimhautfläche fehlt mit Aus-nahme kleiner, inselförmiger Bezirke das Epithel. In der Peripherie der Mucosa treten dünne, atrophische Muskelzüge auf, darauf folgt nach aussen ein lockeres, spaltenreiches Gewebe mit grösseren Ge-fässen und wenigen weit von einander liegenden Muskelbündeln, dann, bis dicht unter das Peritoneum, eine breite und dichte Lage hyper-trophischer Muskulatur.

Die Eihaftstelle schneidet an einer Seite in das Niveau der Innenfläche ziemlich tief ein. Hier besteht starke Verbreiterung des Bindegewebslagers der Mucosa und entsprechende Verschmälerung der Muscularis tubae; dann folgt ein Zwischenraum mit wenigen Epithel tragenden Hohlräumen unter der Oberfläche und theilweise erhaltenem Epithelbesatze der letzteren, daran schliesst sich wieder ein zweiter Bezirk dichterer Verbindung des Coagulum mit der Innenwand, die hier in Gestalt einer hohen, nach der Seite um-gebogenen Falte sich erhebt mit breitem, kurzem Grundstocke. An der unteren Seite der Falte ist das Epithel vorhanden, fehlt an der oberen. Hier geht das von Rundzellen dicht durchsetzte Stroma-gewebe ohne scharfe Grenze in die aufliegende Fibrinmasse über, die näher der Schleimhaut zahlreiche Zellkerne enthält. Unter der Faltenbasis liegen grosse, dickwandige Gefässe.

Wir können aus den an der Einhaftstelle gefundenen Ver-änderungen ein ungefähres Bild von der Art und Weise, wie die erste Verbindung des jungen Eies mit der Tubenwand statthat, uns entwerfen, wobei allerdings zu beachten ist, dass das vorliegende Präparat diese Verbindung selbst nicht mehr erkennen liess.

Die Vorbereitung für die Einnistung des Eies besteht in einer Wucherung des Schleimhautstroma mit üppiger Proliferation der Bindegewebszellen, vielleicht auch begleitet von Emigration weisser Blutkörperchen. Dass erstere bei diesen Vorgängen statthat, ergab sich mir an einem anderen Präparate von junger Tubenschwanger-schaft daraus, dass in Falten der dem Eisitze benachbarten Schleim-

haut des Fruchtsackes die Stromazellen vielfach Kerntheilungen
zeigten.

Die Vereinigung zwischen Ei und Tubenwand geschieht, ebenso
wie im Uterus, zuerst nur durch oberflächliche Verklebung, wobei,
wie es hier der Fall war, das Ei an zwei verschiedenen Stellen,
theils in einer Faltenbucht, theils auf der Höhe, resp. der dem Lumen
zugekehrten Fläche einer Falte mit stärker entwickelten Zotten-
büscheln sich anlegen kann. Das Epithel wird unter dem Einflusse
der in dem Stroma auftretenden zelligen Neubildung abgestossen;
Wucherungsvorgänge seitens desselben beobachten wir in diesem
Gebiete nicht oder wenigstens in geringerem Grade, als in der Nachbarschaft. Weder an diesem Objecte, noch an anderen Präparaten
von Tubenschwangerschaft konnte ich das Eindringen von Zotten
in drüsenartige Hohlräume der Schleimhaut, oder auch nur An-
deutungen eines solchen Vorganges beobachten, wie ihn Rokitansky[1])
und nach ihm Hennig beschrieb.

Die Umgestaltung der Tubenschleimhaut in einer an die Eihaftstelle angrenzenden Zone bedingt eine gewisse Aehnlichkeit mit
dem Bau der uterinen Decidua, doch fehlen erstens in diesem Falle
die charakteristischen Formelemente der letzteren, und ferner beruht
die Canalisirung der Schleimhaut nicht auf einem Wachsthum und
partieller Erweiterung bereits vorher vorhandener Drüsengänge,
ebensowenig allerdings der Hauptsache nach auf Verschmelzung von
neuentwickelten Fältchen und Blättchen der Mucosa, wie Rokitansky
annimmt. Ich werde noch weiter unten über diese Dinge zu reden
haben und beschränke mich hier auf Folgendes: Die fragliche Erscheinung beruht auf einer Wucherung des Oberflächenepithels,
welches wahrscheinlich unter Benutzung präformirter Gewebsspalten
in die Tubenwand eindringt und in dieser ein unter sich und mit
der Hauptlichtung des Tubenrohres communicirendes Gangwerk
herstellt. Mit einer Drüsenneubildung hat dieser Vorgang nur eine
entfernte äussere Aehnlichkeit, keine innere Verwandtschaft. An den
grösseren Hohlräumen führt das fortschreitende Flächenwachsthum
der epithelialen Auskleidung zu secundärer, gegen das Lumen vor-
tretender Faltenbildung mit Wiederholung des Formtypus der freien
Schleimhautfläche. Gegenüber diesem Hergange tritt der von
Rokitansky beschriebene Modus der Hohlraumbildung durch Falten-

---

[1]) Pathol. Anatomie. 3. Aufl. Bd. 3 S. 542.

verschmelzung, der nur für die ganz oberflächlich gelegenen Abschnitte des Canalsystems in Betracht kommen und hier und da
wohl aus dem mikroskopischen Bilde erschlossen werden kann, an
Bedeutung weit zurück.

Epikrise. Die Tubenschwangerschaft war nicht diagnosticirt
und nicht diagnosticirbar. Dagegen hatte ich auf Grund des localen
Befundes und der Krankheitserscheinungen einen chronischen Ent-
zündungsprocess der rechten Tube annehmen zu müssen geglaubt
und die Operation von vornherein in der Absicht, die rechtsseitigen
Uterusanhänge zu entfernen, unternommen.

Der Fall ist ausgezeichnet durch den unverletzten Zustand der
Tube neben einer Haematocele intraperitonealis, deren Entwicklung
auf eine, dem gewöhnlichen Hergange bei uterinem Aborte ganz
analoge Weise zu Stande kam. Das nach dem Absterben des Eies
aus dessen Haftstelle sich ergiessende Blut war durch die nach
aussen offene Tube einfach in die Bauchhöhle übergeflossen, ebenso,
wie bei uterinem Aborte das Blut in die Vagina und nach aussen
ergossen wird.

Die Erweiterung der Ampulle nach aussen vom Eisack war
jedenfalls erst durch die Anstauung des aus dem Fruchtsacke aus-
fliessenden Blutes hervorgerufen, welche allmälig, nach Gerinnung
der in die Bauchhöhle abgesetzten und das Infundibulum umschliessenden Blutmassen auftreten musste.

Intraperitoneale Blutung bei Tubenschwangerschaft hat man
sich gewöhnt, als allein abhängig von einer Fruchtsackberstung zu
betrachten und die hier vorliegende andere Entstehungsweise kaum
bedacht.

Analoge Fälle finde ich nur wenige und nur in der neuesten
Litteratur; so eine kurz referirte Beobachtung von Veit[1]), der bei
Laparotomie ein taubeneigrosses, in eine Blutmole verwandeltes Ei
in der unverletzten Tube und in der Umgebung ihres Infundibulum
reichliche Blutmassen in Adhäsionen eingeschlossen fand.

Ganz ähnlich war der Befund in einem Falle von Wester-
mark[2]). In der Bauchhöhle reichlich serös-blutige Flüssigkeit und

---

[1]) Zeitschrift für Geb. u. Gyn. Bd. 12 Heft 2.
[2]) Hygiea 1885 Nr. 6. Refer.: Centralbl. f. Gyn. 1885 Nr. 41. Nord. med.
Ark. Bd. 27 Nr. 27 und Lancet 1885 15. August.

Coagula; die linke Tube einige Centimeter vom Ostium uterinum
zu gänseeigrossem Tumor ausgedehnt, der einer eingeklemmten
Darmschlinge glich. Die Eihöhle communicirte durch das gänsefeder-
weite Fimbrienende der Tube mit der Bauchhöhle. Die Blutung
muss nach Ansicht des Verfassers durch das Abdominalostium stattgefunden haben, denn es war keine Berstung des Fruchtsackes
vorhanden.

Auch in Bezug auf die von dem Abortus herrührende Form-
veränderung der Tube in meinem Falle fehlt es, namentlich in der
nenesten Litteratur, nicht an analogen Beobachtungen. So beschreibt
Wyder[1] ein durch Operation gewonnenes Präparat von Tubenschwangerschaft, in welchem nach aussen vom Fruchtsacke die
Ampulle in eine nahezu faustgrosse Blutcyste verwandelt war.
Letztere communicirte mit dem Fruchtsacke durch einen 2 Ctm.
langen, 1 Ctm. im Durchmesser haltenden, also wenig erweiterten
Abschnitt der Tube. Wyder nimmt an, dass der Verschluss und
die Ausdehnung des äusseren Tubenendes bereits vor der Conception
bestand, und das Ei auf dem Wege der inneren Ueberwanderung
in diese Tube gelangt sei. Nun lag aber zwischen der letzten
Menstruation und der Operation ein Zeitraum von 5 Monaten,
während das Ei auf einer sehr jugendlichen Entwicklungsstufe bereits
abgestorben war.

Mir scheint, an Zeit fehlte es demnach nicht, um erst im Anschluss an den Abort des Tubeneies die Blutgeschwulst in der
früher nicht verschlossenen Ampulle sich entwickeln zu lassen.

Auch mit der Anschauung Wyder's, dass die Tube zwischen
Frucht- und Blutsack ursprünglich verschlossen und erst in Folge
des Eiwachsthums wieder wegsam geworden sei, kann ich mich
nicht recht befreunden, denn eine 2 Ctm. lange Atresie konnte auf
diese Weise wohl nicht wieder canalisirt werden, und handelte es
sich um einen Verschluss nur auf kürzere Strecke an der äusseren
Grenze des Fruchtsackes, so ist nicht einzusehen, wie ein verhältnissmässig langes Stück der Tube zwischen dieser Verschlussstelle und
der äusseren Tubengeschwulst der mit der Entwicklung der letzteren
einhergehenden Dehnung hätte widerstehen können.

In Bezug auf die äussere Gestaltung der Tube verhält sich

---

[1] Arch. f. Gyn. Bd. 28 S. 370—76.

ferner sehr ähnlich ein Fall, den Howitz beschreibt[1]). Die Tube war darmähnlich aufgetrieben. Zwischen den beiden Schenkeln der ausgedehnten Tubenwindung zeigte sich äusserlich eine Einschnürung, der innen eine erbsengrosse Oeffnung entsprach. Der innere Schenkel enthielt das Ei, der äussere klare Flüssigkeit; die Oeffnung zwischen beiden war durch ein Blutgerinnsel verlegt. Auch in diesem Falle muss die Möglichkeit offen gelassen werden, dass die hydropische Auftreibung der Ampulle erst unter dem Einfluss der benachbarten Eientwicklung zu Stande kam. Dass Tubenhydrops erst im Gefolge einer Schwangerschaft am gleichen Orte auftreten kann, ist durch eine von Kiwisch [2]) mitgetheilte Beobachtung mindestens sehr wahrscheinlich gemacht.

Die relative Enge und die Dickwandigkeit des zwischen dem Fruchtsacke und der aufgetriebenen Ampulle eingeschalteten, bald ganz kurzen, bald etwas längeren Zwischenstückes erkläre ich mir mit dem Uebergreifen der am Eisitz auftretenden Wandhypertrophie auf den dem Fruchtsacke nächst angrenzenden Abschnitt des Tubenrohres, wodurch dieser verhindert werden kann, an der Auftreibung Theil zu nehmen, welche weiter nach aussen die Ampulle durch einen Flüssigkeitserguss erleidet.

Ein dem Falle II sich anreihender Befund wurde noch vor kurzem hier bei der Autopsie einer an Pneumonie Verstorbenen gemacht. Herr College Heller hatte die Freundlichkeit, mich zu dieser Autopsie hinzuzuziehen und mir das Präparat zu weiterer Untersuchung zu überlassen.

Das Resultat dieser Untersuchung lasse ich hier zusammen mit dem Wesentlichen der Krankengeschichte und dem Sectionsbefunde, soweit er auf die Tubenschwangerschaft Bezug hat, folgen.

Frau F., 37 Jahr, 5 Geburten. 1 Abort zwischen erster und zweiter Niederkunft. Letzte Geburt vor 6 Jahren. Vor 3 Jahren starke Menstruations- (?) Blutung. Im Anschluss daran erkrankt mit Schmerzen im Hypogastrium, die seitdem noch immer zeitweilig, namentlich bei körperlichen Anstrengungen, empfunden wurden. Letzte Menstruation ganz regelmässig verlaufen, trat am 20. Februar ein. Am 1. März an Pneumonia crouposa erkrankt. Sehr bald nach

---

[1]) Gyn. og obst. Meddel. Bd. 5 Heft 3.
[2]) Klinische Vorträge Bd. 2 S. 209.

Ausbruch der Krankheit Benommenheit des Sensorium. Während des Krankheitsverlaufes keine Erscheinungen seitens der Beckenorgane.

Befund im Becken:

Uterus etwas hyperplastisch, 9,5 Ctm. lang, wovon 5,5 Ctm. auf das Corpus kommen. Mucosa 2 Mm. dick, gelbröthlich mit glatter Oberfläche. Mikroskopisch: Drüsen weder vermehrt noch erweitert, Stromagewebe normal, wie im Menstruationsintervall, nirgends Deciduagewebe zu finden. Linksseitige Adnexa normal; im linken Eierstocke 2 Ctm. im Durchmesser haltendes Corpus luteum von dunklem, derbem Coagulum gebildet, mit ganz schmaler gelblicher Randzone.

In der rechten Tube 4 Ctm. vom Uterus entfernt, kleinkirschgrosse, dunkelblaurothe Auftreibung, an deren äusserer Grenze eine seichte Einschnürung; von da nach aussen zunehmende Erweiterung der Ampulle. In der Mitte ihres Verlaufes zweite ringförmige Einschnürung. Infundibulum nach ein- und rückwärts gerichtet, weit offen. Aus demselben ragt ein dunkles, festes Coagulum hervor. Dieses setzt sich fort in ein reichlich hühnereigrosses Gerinnsel von dunkelbrauner Färbung, welches der hinteren Fläche des Ligamentum latum ansitzt, den Eierstock umhüllt und nach der Mittellinie hin sich bis zum freien Rande der rechten Douglas'schen Falte erstreckt, überall mit dem Peritoneum schon etwas festere Verbindung eingegangen ist. Der rechte Eierstock von normaler Grösse enthält weder grössere Follikel, noch ein Corpus luteum.

Die Tube, der Länge nach vom Pavillon aus eröffnet, ist innen mit flachen, ziemlich weit von einander liegenden Längsfalten besetzt; ausserdem besitzt die Schleimhaut entsprechend den aussen sichtbaren Einschnürungen mehrere ringförmige, am unteren Umfange des Tubenrohres am stärksten hervortretende Duplicaturen.

Das die Tube prall erfüllende Coagulum lässt sich bis an die an den unveränderten Isthmus sich anschliessende, rundliche Auftreibung des Tubenrohres verfolgen. Während es bis dahin der Mucosa nur lose anlag, haftete es hier mit verjüngtem Ende an einem von der unteren Wand des Canales gegen das Lumen vortretenden Körper. Derselbe hat 7 Mm. im Durchmesser, ist rund, und erhebt sich mit breiter Basis aus der Fläche der Schleimhaut. Auf dem Durchschnitt besteht auch dieser Körper aus fest geronnenem Blute, das an seinem oberen Umfange blossliegt, während es seitlich von einer aus der Tubenschleimhaut hervorgehenden Gewebsschicht umfasst wird.

Das grosse, der Tube entnommene Gerinnsel ist aus einem Gusse, an der Oberfläche mit Abdrücken des Schleimhautreliefs versehen. Weder in diesem, noch in dem etwas älteren, aussen dem Ligamentum latum adhärirenden Coagulum sind Spuren eines Eies zu finden. Dagegen ergiebt die mikroskopische Untersuchung an Schnitten, welche durch das oben beschriebene, mit der Tubenwand selbst in Verbindung stehende Coagulum gelangt sind, inmitten dieses einzelne Quer- und Schrägschnitte von ganz jungen, gefässlosen Chorionzotten. Es handelt sich darnach um eine Tubenschwangerschaft, die schon in ihren ersten Anfängen unter dem Einfluss der schweren Erkrankung in Abortus auslief. Das Ei hat hier eine besondere, der Reflexa analoge Umhüllungsschicht besessen, die bei der aus der Eihaftstelle auftretenden Blutung an ihrem oberen Umfange durchbrochen wurde. An dem Coagulum erstreckt sich die Schleimhautkapsel an der einen Seite bis zu seiner Mitte hinauf, an der anderen hat sie geringere Höhe und ist hier mit dem oberen Rande nach aussen umgebogen. Die Umhüllungsschicht enthält an ihrer Wurzel noch einzelne Muskelzüge, weiter aufwärts besteht sie ausschliesslich aus streifigem Bindegewebe, dem bis zu halber Höhe aussen noch das Tubenepithel aufsitzt. Die innersten Schichten der Tubenwand erscheinen unter dem Coagulum etwas comprimirt und bestehen hier, wie auch in der nächsten Nachbarschaft vorwiegend aus Bindegewebe, in welchem nur spärliche atrophische Muskelzellen enthalten sind. An der Eihaftstelle und ihrer nächsten Umgebung finden sich bis nahe unter dem Epithel stark erweiterte Gefässe, Capillaren und kleine Venen. In dem dieselben erfüllenden Blute sind die Leukocyten ausserordentlich vermehrt (Fieberblut). In der Umgebung des Eikörpers, wie überhaupt in dem erweiterten Theile der Tube, ist das Epithel abgeflacht; sonstige vom Normalen abweichende Structurverhältnisse liegen an keiner Stelle der schwangeren Tube vor; ebenso bietet die linke Tube durchaus normale Verhältnisse.

Fall III. Tubenschwangerschaft mit Ausgang in Abort im 2. Monat.
Hämatosalpinx und Haematocele intraperitonealis. Laparotomie.
Exstirpation der schwangeren Tube und einer Ovariencyste
der anderen Seite. Genesung.

Frau Schw. aus Heiligenhafen, 29 Jahre alt, aufgenommen
26. November 1886.

In der Kindheit gesund, seit dem 18. Jahre regelmässig
schmerzlos menstruirt. Zwei Geburten vor neun und fünf Jahren.
Erste Geburt natürlich, zweite mit der Zange beendet. Im Wochenbett
Entzündung in der rechten Bauchseite, zehnwöchentliches Kranken-
lager. Seit dieser Zeit am ersten Tage der Menstruation Schmerzen im
Hypogastrium. Menses übrigens regelmässig, nicht abnorm stark.

Anfang September Menses zum letzten Male in regulärer
Weise erschienen, dann Pause bis Ende October. Zu dieser Zeit
gleich stärker einsetzende Blutung mit Abgang von Coagulis und
Schmerzen im ganzen Leibe. Zu Beginn der Blutung wurde unter
wehenartigen Schmerzen ein hautartiges Gebilde von ungefähr zwei
Fingerglied Länge und fleischigem Aussehen entleert. Patientin
war Anfangs noch auf und erst durch heftigere Schmerzen in der
linken Bauchseite und allgemeines Unwohlsein mit Fiebererscheinungen
in diesem Monate gezwungen worden, das Bett vierzehn Tage hindurch zu hüten. Die stärkere Blutung bestand nur einige Tage,
daran schloss sich ein bis jetzt andauernder geringer, aber ununterbrochener Blutabgang. In der letzten Zeit wurden die linksseitigen
Schmerzen in der Ruhe kaum noch empfunden, wehenartige Schmerzen
sind nicht wieder aufgetreten. Für den Transport in die Klinik ist
von der Hebamme ein Wattetampon in die Vagina eingebracht worden.

Status praesens. Mittelgross, wenig anämisch.

Abdomen in seinem unteren Theil etwas stärker ausgedehnt,
im linken Hypogastrium dunkel fluctuirender Tumor, bei Druck
mässig empfindlich. Derselbe erhebt sich bis zu zwei Fingerbreiten
unterhalb Nabelhöhe, dacht sich nach der Mittellinie allmälig ab und
überschreitet diese nach rechts noch um einige Fingerbreiten. Ueber
der Geschwulst keine Gefässgeräusche.

Innerlich. Portio vaginalis derb geschwellt, hinter dem linken
horizontalen Schambeinast, mit wenig klaffendem Muttermund, Corpus
uteri durch das vordere Scheidengewölbe zu tasten. Die aussen

fühlbare Geschwulst liegt dem Uterus dicht auf, mit ihm zu einer Masse verschmolzen. In breitem Zusammenhange mit beiden findet sich im linken hinteren Beckenraume ein zweiter Tumor, faustgross, der von der Vagina aus palpirt das Gefühl von Fluctuation bietet, vom Rectum aus sich fester anfühlt.

Im rechten Parametrium verläuft vom Seitenrande des Uterus aus eine mehrere Finger breite, derbe Schwellung, welche näher dem Uterus mehr rundlich, nach aussen hin sich abplattet und die Beckenwand nicht ganz erreicht.

Bei normaler Temperatur, unter mässigen Schmerzen im Unterleibe entwickelte sich in der nächsten Zeit im rechten Hypogastrium ein fluctuirender Tumor, dessen Vergrösserung und Spannung von einem Tag zum anderen sichtbare Fortschritte machte. Am 8. December befand sich die Kuppe dieser neuen Geschwulst bereits nahezu in gleicher Höhe mit der der linksseitigen, welche seit der Aufnahme ihr Volumen nicht verändert hatte. Von der Aufnahme her bestand an Menge wechselnder, bräunlicher, etwas übelriechender Ausfluss.

9. December 1886 Laparotomie.

Operation bei hochliegendem Becken.

Circa 15 Ctm. lange Incision in der Line alba.

Der linksseitige Tumor von fest aufsitzendem, dunkel hyperämischem Peritoneum bedeckt, dünnwandig, schwappend. Er überragt, soweit er im vorderen Beckenraum liegt, das Ligamentum Poupartii um vier Fingerbreiten; nach links hinten abfallend setzt sich die Geschwulst in den hinteren Beckenraum fort. Beim Versuch, hinter der Geschwulst nach abwärts vorzudringen, berstet die dünne Wand und entleeren sich grössere Massen ganz dunklen geronnenen Blutes. Der Tumor liegt von links her dem Fundus uteri auf; letzterer erhebt sich kaum über die Ebene des Beckeneinganges. Die Geschwulst befindet sich in engster Verbindung mit dem Ligamentnm latum; ob intraligamentös, oder mit der hinteren Platte des Bandes überall nur verwachsen, war nicht zu entscheiden, ebenso lässt sich nicht feststellen, ob der links im hinteren Beckenraume gelegene Blutherd nur von dem Peritoneum parietale daselbst begrenzt oder noch von der mit dem Peritoneum verwachsenen Tubenwand umschlossen wird. Nach stumpfer Abtrennung der prominenten Theile des Sackes zeigt sich dieser in unmittelbarer Verbindung mit einem vom Uterus noch circa 4 Ctm. langen Theile unerweiterter Tube. Dieser, wie die nach dem Uterus vor-

handenen peritonealen Brücken werden nach Unterbindung mit Seide
nahe dem Uterus durchtrennt. Darauf werden weitere gefetzte
Abschnitte des Ligamentum latum resecirt und der Defect durch
Nähte zusammengezogen. Bei Entfernung dieser Theile wird eine
wallnussgrosse Cyste noch zusammen mit etwas festerem Gewebe
herausgebracht (Ovarium). Die rechtseitige, gegen zweifaustgrosse
Cyste berstet bei dem Versuche, sie herauszuheben und entleert
dünne, bräunliche Flüssigkeit. Ihre Innenfläche ist glatt, stark geröthet. Sie erstreckt sich im, resp. an der hinteren Fläche des
Ligamentum latum festsitzend tief ins Becken. Der grösste Theil
wird mit den oberen Abschnitten des Ligamentum latum resecirt,
ein kleiner Rest mit dem Stumpf des Ligamentum latum zusammen
vernäht.

Es besteht jetzt noch an verschiedenen Stellen im Becken
eine mässige, aber ununterbrochene Blutung, zum Theil erfolgt dieselbe flächenhaft aus dem Fundus uteri, von dem das Peritoneum
vollständig abgelöst ist. Die nach vorn und rechts zurückgewichene
Serosa wird mit zum Theil durch die Muscularis uteri hindurch-
geführten Nähten auf und über dem Uterus wieder vereinigt. Ferner
werden im Douglas'schen Raume durch Abtrennung von Netz-
adhäsionen entstandene blutende Wundflächen umstochen. Schliesslich
wird der links hinten im Becken vorhandene Rest des Blutraumes,
der nach der Mittellinie zu von dem vom Peritoneum entblössten
Gewebe der Douglas'schen Falte begrenzt wird, und dessen Innenfläche von mit altem Blut durchsetzten Gewebsschichten ausgekleidet
wird, durch eine Anzahl von Nähten unter Heranziehung des Rectum
und Mitbenutzung der medianen Platte des Mesocolon flexurae
sigmoideae nach oben verschlossen. Darauf Verschluss der Bauchwunde mit vier ganz umfassenden Seidenknopfnähten und mit fortlaufender Catgutnaht in doppelter Etage. Jodoformheftpflaster-
verband, darüber Compressionsverband mit Rollbinden.

In die Wundräume im Becken wurde vor Anlegung der ver-
schliessenden Umstechungsnähte Jodoform in geringen Mengen ein-
getragen.

Verlauf: In den ersten zehn Tagen fieberlos, durchaus normales
Befinden, dann unter allmählig bis zu 40° ansteigenden Temperaturen
Entwicklung eines von aussen tastbaren Exsudates im linken Hypo-
gastrium. Am 8. Januar Entleerung eines unter der Hautnarbe

liegenden, mit der Tiefe nicht communicirenden Bauchwandabcesses. Seitdem stetig fortschreitende Convalescenz, 24. Januar ist von dem linksseitigen Exsudat nur noch eine mässige Resistenz im Niveau des Beckeneinganges nachweisbar.

Beschreibung des Präparates.

Von der linken Tube ist der Isthmus in einer Länge von circa 3 Ctm. vorhanden. Auf dem Querschnitt zeigt sich eine Hypertrophie des Muscularis, vorwiegend an der oberen Seite, in Folge wovon das enge Lumen nach unten der Peripherie des Querschnittes nahegerückt erscheint. Aus der Tube geht unmittelbar, scharf absetzend, der Fruchtsack hervor. Von demselben ist nur ein medianes Segment vorhanden mit ringsum ganz unregelmässig gerissenem Rande. Die Entfernung bis zu diesem vom Tubenansatze an beträgt von 3—6 Ctm. In dem inneren Pole des Sackes haftet mit circa markstückgrosser Fläche ein beinahe hühnereigrosser, der Hauptmasse nach nur aus altem coagulirten Blute bestehender Körper an. In einem kleinen Bezirke, unweit der Ansatzstelle, lassen sich aus dem Coagulum einige Zottenbüschel isoliren. Der Anhaftungsstelle entsprechend befindet sich auf der äusseren Seite des Fruchtsackes ein kreisförmiger Bezirk, der etwas unter dem Niveau der Umgebung liegt. Es wird hier die Wand nur noch von einer ganz dünnen Gewebsschichte gebildet, durch welche bräunliches coagulirtes Blut hindurchscheint. Innen setzt sich die glatte Auskleidung des Sackes über den Rand der Insertionsstelle der Blutmole noch eine kurze Strecke weit auf letztere fort. Der dem Fruchtsack ansitzende Theil des Isthmus tubae wird der Länge nach eröffnet. Das Lumen, mit niedrigen Längsfalten besetzt, biegt dicht vor dem Fruchtsacke kurz nach der Seite um und mündet ohne zunehmende Erweiterung dicht neben der Ansatzstelle des Eies offen in den Fruchtsack ein. Die Sackwand ist in der Nähe des Eisitzes circa 1½ Mm. dick, weiter nach aussen noch etwas dünner (s. die beigegebene Skizze).

Figur 2.

Was diesem Falle mikroskopisch sich abgewinnen liess, werde ich in den anatomischen Bericht des nächstfolgenden Falles mit ein-

· flechten, der im Wesentlichen übereinstimmende, zum Theil noch bemerkenswerthere Befunde, ergab.

Epikrise. In diesem Falle ergab sich die Diagnose der Tuben-schwangerschaft bereits aus der Anamnese, und ihr Ausgang in Abortus aus dem klinischen Untersuchungsbefunde. Hier schien eine symptomatische Behandlung am Platze und wurde zuerst ein-geleitet. Erst die in der entgegesetzten Seite des Hypogastrium auftretende und rapide wachsende Geschwulst bestimmten mich zur Laparotomie. Der Ursprung dieser Cyste lässt sich auch an der Hand des Operationsbefundes und der Untersuchung der entfernten Theile zwar nicht ganz sicher feststellen, doch halte ich für zweifel-los, dass sie vom Ovarium ausging; auch der Befund einer wall-nussgrossen Cyste im Eierstock der schwangeren Seite spricht dafür. Das plötzliche Erscheinen und rasche Wachsen der Geschwulst bin ich geneigt, mit einem entzündlichen Processe an der Innenseite eines bereits länger bestehenden hydropischen Follikels zu erklären.

Das Uebergreifen von Entzündungsprocessen des Beckenbauch-felles auf den Eierstock mit Ausgang in folliculär-cystische De-generation des letzteren gehört nicht zu den Seltenheiten. Das Auftreten einer entzündlichen Hydropsie in grösserem Massstabe habe ich ausser in diesem Falle bereits einmal vor mehreren Jahren beobachtet, bei einer Patientin, die an chronischer Parametritis litt. Hier entwickelte sich binnen weniger Wochen aus dem breit im Ligamentum latum steckenden Eierstocke unter heftigen Schmerzen eine mannskopfgrosse Cyste, die schliesslich, um der drohenden Ruptur vorzubeugen, durch Laparotomie entfernt werden musste.

Auch der oben geschilderte Fall entsprach nicht ganz dem anatomischen Bilde der Hämatocele bei Tubenschwangerschaft, wie es gewöhnlich gezeichnet wird. Mindestens ein grosser Theil der Blutgeschwulst beruhte auf Anhäufung des aus der Eihaftstelle er-gossenen Blutes in der Tube selbst. Mir scheint das Verständniss dieses Befundes durch den vorhergehenden Fall sehr erleichtert. Wahrscheinlich kam es auch hier zuerst aus der nach der Bauch-höhle hin offenen Tube zu einer intraperitonealen Blutung und erst später, als der in geronnene Blutmassen eingebettete Pavillon weiteren Blutaustritt nicht mehr gestattete und, begünstigt durch das unzweckmässige Verhalten der Kranken, die Blutungen aus der Haftstelle des Abortiveies sich wiederholten, zur Bildung einer

Hämatosalpinx. Dabei wurde, im Gegensatze zu dem vorher beschriebenen und mehreren in der Epikrise dazu erwähnten Fällen,
wohl der ganze nach aussen vom Fruchtsacke gelegene Theil der
Tube mitsammt diesem zu einem einzigen Blutsacke aufgetrieben.

**Fall IV. Rechtsseitige Tubenschwangerschaft mit Ausgang in Abort
im zweiten Monat. Chronische Perimetritis. Exstirpation der
Adnexa uteri. Genesung.**

Frau N. aus Neumünster, 27 Jahre alt, aufgenommen
6. December 1886.

Vor sieben und sechs Jahren je eine normale, rechtzeitige
Geburt. Erstes Wochenbett normal. Im zweiten wiederholte An-
fälle von Schwindel und hochgradiger Schwäche. Menses stets unregelmässig, ante- und postponirend mit reichlicher Blutung. Seit
etwa einem Jahre nach der letzten Entbindung nicht beständig
vorhandene Schmerzen im Unterleibe, besonders im rechten Hypogastrium, in der letzten Zeit vorzugsweise heftig. Seit der letzten
Niederkunft im Ganzen sechs- bis siebenmal mehrwöchentliche
Blutungsperioden, zuweilen mit Abgang von Membranen und wehenartigen Schmerzen. Vorher mehrmals etwas längere Menstruations-
pausen. Mitte November letzte Menstruation, nicht besonders reichlich,
nachdem ein zweimonatliches Intervall vorausgegangen war.

Status praesens. Anämisch. Mittlerer Ernährungszustand.
Temperatur normal. Percussionsschall am Abdomen überall tym-
panitisch. Das rechte Hypogastrium bei tieferem Druck schmerzend.

Uterus mässig vergrössert (7,5 Ctm. Sondenlänge) liegt nach
rechts und vorn. Rechts in mässigem Abstande vom Uterus klein-
hühnereigrosser, derber Tumor, wenig beweglich. Im Douglas'schen
Raume leichtes Schneeballknirschen.

13. December 1886. Laparotomie. Operation bei hochliegendem
Becken. 14 Ctm. lange Incision. Das Peritoneum oberhalb des
Beckens normal. In der Höhle des kleinen Beckens reichlich
flüssiges, dunkles Blut. Am rechten Ligamentum latum hühnereigrosser, anscheinend hauptsächlich von altem coagulirtem Blut ge-
bildeter Tumor, der dem oberen Theile des Bandes dicht ansitzt.
Einwärts verläuft die Tube von der Geschwulst zum Uterus circa
4 Ctm. lang. Am lateralen Umfang der Geschwulst ist das Infun-

dibulum tubae sichtbar; unter ihm hinten der Eierstock. Unterhalb
des letzteren wird das Ligamentum latum in Theilligaturen gefasst,
das Ligamentum infundibulo-pelvicum und der Theil des Ligamentum
latum zwischen Fruchtsack und Uterus noch isolirt umstochen, dann
der Tumor mit Tube und Eierstock abgesetzt.

Linke Tube kurz, Ovarium klein, mit runzliger Oberfläche.
Um beide lockere Pseudomembranen; auf dem Peritoneum des
Ligamentum latum und des Douglas'schen Raumes, auch in der
linken Seite, dunkelrothe, flach beetartige Bindegewebswucherungen.
Die Serosa, namentlich des rechten, breiten Bandes in toto dunkel
injicirt, das Gewebe sehr morsch. Linke Tube und Ovarium in
typischer Weise entfernt. Verschluss der Bauchwunde in doppelter
Etage mit fortlaufender Catgutnaht, einige ganz umgreifende Seiden-
nähte, Jodoformgaze, Heftpflasterverband.

Verlauf. Vom 16. December an einige Tage lang geringer,
stark riechender Ausfluss aus der Vagina. Von Anfang an normale
Temperaturen, primäre Heilung der Bauchwunde. Die Exploration
vor dem Verlassen des Bettes ergiebt: Uterus vertical im Becken.
Ueber dem rechten, hinteren Scheidengewölbe geringe unempfindliche
Resistenz. Das Aussehen und der Kräftezustand haben bereits vor
dem Aufstehen ganz sichtlich gewonnen. Schmerzen bestehen auch
beim Gehen und sonstigen Bewegungen nicht mehr.

5. Januar 1887 entlassen.

Beschreibung der exstirpirten Theile.

Nach Entfernung der äussersten Schichten des Coagulum zeigt
sich, dass der Tumor in der Tube selbst gelegen ist, deren Wand
er hinten aussen mit seiner Spitze durchbrochen hat. Der Tuben-
sack hat eine ovoide Gestalt, an den schmalen Pol tritt der Isthmus
tubae heran, an dessen Schnittende das sehr enge Lumen sichtbar
ist. Aeusserlich erscheint der Ansatz der Tube nahezu central.
Bei später angelegten Durchschnitten stellt sich aber heraus, dass
das Tubenrohr am Fruchtsack nach vorn abbiegt und am vorderen
Umfang der Eihaftstelle spaltförmig in den Fruchtsack einmündet.
Die Durchbruchsstelle hinten aussen bildet eine gut markstückgrosse,
kreisförmige Lücke in der Wand des Fruchtsackes, mit glattem
Rande. Vorn aussen verläuft die Ampulla tubae in leichter, nach

abwärts convexer Krümmung. Dicht vor dem Infundibulum biegt sie kurz nach hinten um. Das Orificium abdominale ist offen. Von hier aus lässt sich die Ampulle mit Sonde und Scheere bis zu ihrer Einmündung in den Fruchtsack verfolgen. Letztere liegt vorn, ganz nahe dem Rande der Perforationsstelle. Die Schleimhaut der Ampulle ist in normaler Weise stark gefaltet, glasig durchscheinend. In dem an seiner oberen Wand eröffneten Fruchtsacke findet sich ein ovoid gestalteter Körper, der anscheinend aus alten Blutmassen besteht und mit seinem unregelmässig zackigen, freien Ende aus der oben beschriebenen Lücke hervorragt. Dieser Körper sitzt der Innenfläche des Sackes an dessen medianem Ende in einem mark-stückgrossen Bezirke fest an. Der Sack ist innen mit einer grauen, schleimhautartigen Membran ausgekleidet, welche mit flachen Circulär-falten besetzt ist und über den Rand der Insertionsstelle der Blut-mole sich auf deren äussere Fläche in Gestalt einer ganz zarten,

Figur 3.

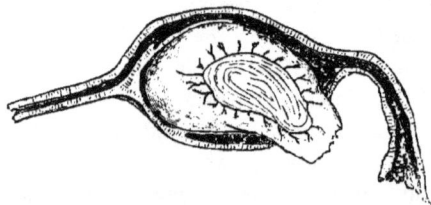

graugelblichen Auflagerung fortsetzt. Diese lässt sich an der Blut-mole bis ungefähr zu ihrer Mitte aufwärts verfolgen. Die Mole besitzt eine derb fleischige Consistenz, namentlich näher ihrer Basis. Die oberen zwei Drittel derselben werden abgetragen. Auf der Schnittfläche scheint die Blutmasse homogen, dunkelroth mit ein-gesprengten gelblichen Partien. Aus dem abgetragenen Theile lässt sich eine dünne Membran isoliren, die stellenweise mit langen, zarten, mehrfach verzweigten Zotten besetzt ist. Diese zeigen hier und da spindelförmige Auftreibungen. Das Epithel fehlt. Die Binde-gewebszellen körnig zerfallen. An der Innenseite der Membran haftet eine 2—3 Mm. hohe, konische Prominenz mit abgerundetem knopfförmigem Ende. Unterhalb desselben an der einen Seite mehrere seichte Querfurchen (Embryonalrest?). Zur Verdeutlichung des grobanatomischen Befundes gebe ich eine Skizze bei, die selbst weiterer Erklärung wohl nicht bedarf.

Der rechte Eierstock klein, mit stark gerunzelter Albuginea. In demselben dicht unter der Oberfläche ein Corpus luteum, auf dem Durchschnitt 11 Mm. lang, 6 Mm. hoch, mit breiter, gelber, leicht gewellter Rinde und schmalem, glasig grauem Bindegewebskerne.

Mikroskopische Untersuchung.

Das Epithel der Ampulle besitzt bis zur Einmündungsstelle in den Fruchtsack deutlichen Flimmerbesatz. Von der Innenfläche des Sackes werden durch Abschaben Zellen gewonnen, die dem Epithel der Tube durchaus gleichen, nur dass sich Cilien an ihnen nicht mehr nachweisen lassen. (Der breit eröffnete Fruchtsack hatte vor dieser Untersuchung bereits einige Stunden in einer Lösung von Kalium bichromicum gelegen.) Zupfpräparate aus einem mit der Scheere genommenen Flachschnitte von der den Fruchtsack auskleidenden Membran ergeben eine Zusammensetzung der subepithelialen Schicht aus grossen (bis zu 200 Mm. Länge, 11 Mm. Breite) spindel- und bandförmigen Zellen mit grossem, ovalem Kerne, die an einem oder beiden Enden häufig getheilt und mit zarten Fortsätzen versehen sind. Aus der die Blutmole näher ihrer Insertion bedeckenden Gewebsschichte lassen sich dieselben Elemente darstellen. Daneben finden sich breitere, vieleckige und ganz unregelmässig gestaltete Zellkörper, mit zahlreichen, zum Theil anscheinend anastomosirenden Fortsätzen, dazwischen vielkernige und auch kleinere, platte Zellen, oft mit ziemlich grossen Fettkörnchen um den Kern herum.

Die weitere Untersuchung des zuerst in Kali bichromicumlösung conservirten, dann in Alcohol nachgehärteten Präparates führte zu folgenden Ergebnissen:

Die Fruchtsackwand ausserhalb des Eisitzes.

Ihre Dicke beträgt bis zu 7 Mm. Innen findet sich eine continuirliche Auskleidung mit Schleimhaut, die theils mit gradlinigem Contur verläuft, theils mit mehr oder minder stark verzweigten und gegen das Lumen vortretenden Falten besetzt ist und fast überall ein gut erhaltenes Cylinderepithel trägt.

Die Muscularis tubae beginnt bereits dicht unter dem Epithel, nur hier und da schiebt sich eine schmächtige Lage kleinzelligen Gewebes zwischen beide ein; sonst liegen dicht unter dem Epithel und zwischen den innersten Muskelzügen etwas vergrösserte, meist spindelförmige Elemente verstreut. Eigentlich deciduales Gewebe ist in diesem Präparate nicht aufzufinden. Dagegen traf ich auf solches in dem Fruchtsacke von Fall III in der Nähe der Eiinsertion, einmal an einer faltenfreien Stelle der Innenfläche, dann an seitlichen Sprossen einer stärker verzweigten Falte. Es lag an beiden Stellen ein aus grossen, platten Zellen mit grossem, ovalem Kerne bestehendes Gewebe dicht unter dem Epithel, sonst inmitten des unveränderten kleinzelligen Schleimhautstroma, gegen dieses scharf abgegrenzt und ohne Uebergänge in der Nachbarschaft.

Die Muskulatur der Tube zeigt im ganzen Bereiche des Fruchtsackes eine entschiedene Zunahme nach der Zahl wie nach der Grösse ihrer Elemente. Innerhalb der Muscularis befinden sich einzelne spaltförmige Hohlräume, namentlich in der Nähe des Eisitzes, die mit dem der Oberfläche durchaus übereinstimmendes Epithel tragen (intermusculäre Abzweigungen des Tubenepithelrohres).

An beiden Präparaten ist dem Fruchtsacke aussen eine fest anhaftende Blutschwarte aufgelagert. Dieser Belag besteht zu äusserst nur aus coagulirtem Blute, in der Tiefe ist dieses von kleinen Rund- und Spindelzellen durchsetzt; noch näher der Muscularis folgt eine Lage, halb so breit als diese, die vorwiegend aus grossen, spindelförmigen Zellen besteht von durchschnittlich 12,5 μ Breite, 32,5 μ Länge, welche innerhalb einer spärlichen, homogenen Grundsubstanz sich in den verschiedensten Ebenen durchkreuzen und in einander verschränken, hier und da noch kleine Blutherde zwischen sich fassen. Von demselben Gewebe sind stellenweise auch noch die äussersten Schichten der Muskulatur durchsetzt. Innerhalb dieser Grosszellenschicht, der äusseren Muskelgrenze nahe, liegen unregelmässig gestaltete Hohlräume, meist schmale Spalten, zum Theil mit Schlängelung des inneren Grenzconturs und einzelne mit gabliger Theilung an dem einen Ende. Sie sind ausgekleidet mit einer Zellschicht, deren einzelne Elemente sehr wechselnde Gestaltung zeigen, bald kubisch, mit abgestumpften Ecken, bald mehr spindelförmig, mit starkem Hervortreten des Mittelstückes mit dem grossen runden Kerne, zum kleineren Theil auch ausgesprochen cylindrisch. Meist sind die Zellen an der peripheren Seite des Spaltraumes niedriger, als die der gegenüberliegenden Fläche. Gewöhnlich liegen in einem Schnitte mehrere solcher Spalträume in gleicher Flucht, mit ihrer Hauptaxe in der Längsrichtung des Schnittes. Sowohl in der Fortsetzung der Spalten, als auch aussen und innen von ihnen, liegen in dem umgebenden Gewebe Stränge und rundliche Nester von Zellen gleicher Art, wie die an der Innenfläche der Spalten. Die grösseren dieser Nester oft von dem angrenzenden Gewebe durch einen schmalen Spalt getrennt. Wie diese Dinge entstehen, ist an einzelnen der genannten Hohlräume sehr gut zu erkennen, von deren Zellbesatz band- und schlauchförmige Fortsätze in verschiedenen Richtungen in das umgebende Gewebe eindringen. **Zweifellos handelt es sich hier um Wucherungsvorgänge des Peritonealepithels,** das unter der organisirten Blutschicht stellenweise sich erhalten hat. Die Spaltraumbildung beruht theils auf nachträglicher Canalisirung der in das unterliegende Gewebe einwuchernden Epithelmassen, theils darauf, dass die peritonitische, resp. hämorrhagische Auflagerung nicht überall der Oberfläche der Serosa sich dicht anlegte und nun von dieser aus das Epithel auf die untere Fläche der Deckschicht überwucherte. Für diesen Hergang habe ich an verschiedenen Stellen des Fruchtsackes sowohl in diesem, wie in dem vorhergehenden Falle durchaus überzeugende Bilder angetroffen.

Die Eihaftstelle.

Die Wand besitzt hier, gegenüber den übrigen Theilen des Fruchtsackes, geringere Dicke. 3—4 Mm.

Die Blutmole grenzt unmittelbar an die Wandmuskulatur. Epithel findet sich weder an der Berührungsfläche, noch in Räumen innerhalb der Wandung. In den inneren Wandschichten schieben sich zwischen die Muskelzüge breitere Bindegewebslagen ein. Hauptsächlich an der Peripherie der Eihaftstelle liegen nahe der Innenfläche grössere Gefässlumina, von denen manche, die im Falle I beschriebenen Befunde wiederholen. Sie enthalten theils frei innerhalb der Gefässlichtung, theils der Wand innen ansitzend, grosse Zellen, unter denen hier auch mehr- und vielkernige vorkommen, bis zu 37,5 µ im Durchmesser. Gleichgeartete Zellen finden sich neben kleineren Elementen in der Gefässwandung selbst, die zu äusserst in einer aus 2—10 Zellreihen bestehenden Ringmuskelschicht abschliesst, ferner in den Gewebslücken der Umgebung. Ueberhaupt zeigen in dieser die Zellen des intermuskulären Bindegewebes vielfach erhebliche Grössenzunahme und deutliche Uebergänge zu den intravaskulären und die Gefässwand durchsetzenden grossen Zellen.

Einzelne dieser Gefässe sind nach dem Eiraume hin zum Theil breit eröffnet und in einem von diesen einzelne und in kleinen Gruppen liegende Chorionzotten zu sehen, um welche sich die oben erwähnten grossen Zellen angehäuft haben. Auch noch innerhalb der Blutmole finden sich in der Nähe der Wand derartige Zellen in dichten Haufen um einzelne Zotten herum gelagert.

Uebrigens finden sich Zottendurchschnitte auch noch in weiterer Entfernung von der Wand innerhalb der Blutmasse zerstreut, die mit wenigen Ausnahmen noch ihren Epithelmantel besitzen und in diesem, wie im bindegewebigen Grundstock, gute Kernfärbung zeigen.

Die Reflexa.

Die inneren Schichten der Fruchtsackwand erheben sich im ganzen Umfange des Eikörpers zu einer an der Basis ziemlich breiten, nach oben sich rasch verjüngenden Falte oder Kapsel, welche sich mikroskopisch reichlich ein Centimeter aufwärts als zusammenhängende Gewebslage verfolgen lässt. Die Substanz dieser Falte besteht bis an das obere Ende aus glatten Muskelzellen, die an der Basis in breiter Schicht aus der Wandmuskulatur hervorgehend, weiter aufwärts in schmalen Bündeln verlaufen, deren Interstitien von Blut erfüllt sind. Die Aussenfläche ist mit Cylinderepithel besetzt, das näher dem oberen Ende der Eikapsel allmälig verflacht und sich noch etwas über die letzten Ausläufer des Faltenstromas fortsetzt, so dass die letzten Zellreihen unmittelbar der Blutmasse aufsitzen, die in ihrer peripheren Schicht von Rundzellen durchsetzt ist.

Die gegenüberliegende Innenfläche des Fruchtsackes ist gleichfalls mit Epithel bekleidet und mit abwechselnd niedrigeren und stärker vortretenden und verzweigten Falten besetzt.

Die Tube ausserhalb des Fruchtsackes.

In dem uterinwärts gelegenen Theile finden sich bemerkenswerthe Veränderungen. Von dem Schnittende an bis dicht an den Uebergang in den Fruchtsack, welcher dem Anfangstheile der Ampulle entspricht, ist die Tubenwand in ihrer ganzen Dicke von Hohlräumen durchsetzt, die mit Epithel ausgekleidet sind, welches meist mit dem der Schleimhaut in jeder Hinsicht übereinstimmt, an einzelnen Stellen aber auch etwas geringere Höhe besitzt. Diese

Hohlräume haben sehr verschiedene Gestalt; rundliche, ovale, spaltförmige wechseln mit einander ab; ausserdem entstehen durch
Faltungen des Innencontures in den grösseren von ihnen ganz unregelmässige Formen. Die Anordnung dieser Nebenräume zum
Hauptlumen der Tube ist eine sehr wechselnde; sie liegen bald
nach oben, bald unten oder seitlich von letzterem, an manchen
Stellen auch im ganzen Umkreise des Tubenrohres, in allen Schichten
der eigentlichen Muscularis tubae und auch noch nach aussen von
dieser in der muskelreichen Adventitia. Auch hier zeigt sich gewöhnlich eine von der Verlaufsrichtung der umgebenden Muskelzüge
abweichende, ringförmige Anordnung der an die Hohlräume zunächst
angrenzenden Faserbündel. Der Zusammenhang der Nebenräume
unter sich und mit dem Tubencannale lässt sich zum Theil aus ihrer
Gruppirung schliessen, an günstig gefallenen Schnitten auch direct
beobachten (Fig. 3).

In der Hauptsache entspricht dieser Befund dem von Martin
beschriebenen [1] und mit dem Namen Salpingitis follicularis belegten,
nur dass hier der entzündliche Charakter des Processes weit weniger
ausgesprochen ist. Nur die gegen das Hauptlumen sich erhebenden
Schleimhautfalten bestehen aus einem kleinzelligen Gewebe, und in
den Zwischenräumen der Falten liegen nur wenige Zellreihen zwischen
Epithel und Muscularis. In letzterer selbst ist von einer entzündlichen Infiltration nichts wahrzunehmen; nur in der nächsten Umgebung einzelner der in der Wand gelegenen Gänge ist das intermusculäre Bindegewebe etwas kernreicher als sonst. Ferner ist
auch das Oberflächenepithel im Tubenlumen fast durchgehends gut
erhalten. .

Ueber die Entstehungsweise der Nebenräume habe ich mich
schon bei früherer Gelegenheit ausgesprochen.

Begünstigt wurde die Entwicklung solcher intramuskulärer Abzweigungen des Tubenlumen in dem vorliegenden Objecte durch
eine starke Lockerung der Muscularis, deren Faserbündel abnorm
breite Interstitien zwischen sich haben, in welche Ausstülpungen
des Epithels aus den faltenfreien Theilen der Wand sehr leicht hineingelangen konnten. Man wird nicht fehlgehen, wenn man diese
Lockerung der Muskulatur als einen Effect der bereits bestehenden
Schwangerschaft betrachtet, welche gesteigerten Blutzufluss und ver-

---

[1] l. c. S. 302 und Fig. 3 Taf. 9.

mehrte Saftströmung innerhalb der Wand der ganzen Tube her-
vorrief. Zu diesem physiologischen Reize gesellte sich dann noch
im weiteren Verlaufe die Entzündung des serösen Ueberzuges der
Tube mit einem collateralen Oedem der ganzen Tubenwand im Gefolge, während diese sich summirenden Reize zugleich das Tubenepithel zur Proliferation anzuregen geeignet waren.

War dies nach meiner Ansicht hier der Gang der Dinge, so
lässt sich doch auch das umgekehrte Folgeverhältniss erwägen. Dass
unabhängig von Schwangerschaft die Entzündung der Tube solche
Ausstülpungen des Epithelrohres hervorzurufen vermag, lehren uns
die Martin'schen Befunde.

Beständen aber derartige Veränderungen zur Zeit der Conception
in der übrigens durchgängigen Tube, so wäre es geradezu ein Glücks-
umstand zu nennen, wenn nicht das befruchtete Ei sich in den tief
in die Wand eindringenden Irrgängen verfinge.

Ich bemerke zum Schluss, dass auch in dem vorhergehenden
Falle das Uterinende der Tube ganz dieselben Veränderungen darbot,
jedoch nur beschränkt auf den engeren Theil des Isthmus. In dem
bereits etwas weiteren, dem Fruchtsacke zunächst angrenzenden
Abschnitte fand sich wohl eine sehr üppige Faltenbildung und zum
Theil sehr zierliche, netzförmige Gestaltung des gegen die Lichtung
vortretenden Schleimhautgerüstes, aber kein Eindringen von Schleim-
hautduplicaturen in die Muskelwand. Ebensowenig war dies an dem
jetzt beschriebenen Präparate in dem äusseren Theile der Tube,
zwischen Fruchtsack und Pavillon zu beobachten.

Epikrise. In diesem Falle bildete die Tubenschwangerschaft
nur eine kurze Episode in dem mehrjährigen Krankheitsverlaufe.
Das Grundleiden bestand in einer rebellischen Perimetritis, die zuerst
vielleicht im Anschluss an einen Abort entstanden, wahrscheinlich
eine Reihe neuer Aborte nach sich zog, deren letzter das in der
Tube stecken gebliebene Ei betraf. Diese Schwangerschaft begann
wahrscheinlich mit der vorletzten, ungefähr 3 Monate vor der
Operation aufgetretenen Menstruation.

Die Perforation der Tube, die gewiss erst dem Absterben
des Eies und der perichorialen Blutung folgte, führte wohl zu einer
Steigerung der bereits länger bestehenden perimetritischen Symptome,
ohne aber einen erheblichen und plötzlichen Eindruck auf das Ge-
sammtbefinden der Kranken zu äussern.

Der von dem Eihaftgebiete entfernten Lage der Perforationsstelle möchte ich einen wesentlichen Antheil an den verhältnissmässig
gelinden Folgen der Verletzung zuschreiben. Die Blutung aus der
Durchbruchsstelle muss, wenn diese sich entfernt vom Eisitze befindet,
geringer ausfallen, weil minder grosse Wandgefässe verletzt werden,
und die aus der Eihaftstelle auf die freie Fläche der Tubenschleimhaut erfolgende Blutung findet wahrscheinlich, wie im Anfang des
uterinen Abortes, schubweise, nicht continuirlich statt und wird nicht
leicht einen für das Leben bedrohlichen Umfang erreichen. Ganz
anders, wenn der Fruchtsack im Gebiete des Chorion frondosum
zur Eröffnung gelangt, hier hat die directe Verletzung der tubo-
placentaren Gefässbahnen sehr leicht Verblutung im Gefolge.

Dieser von dem Orte der Perforation abhängige Unterschied
in der Bedeutung des Ereignisses trat mir sehr sinnfällig entgegen
bei Betrachtung eines Präparates, an dessen Untersuchung ich durch
die Freundlichkeit des Herrn Collegen Heller theilzunehmen Gelegenheit fand.

Der Sectionsbefund war in seinen wesentlichen Theilen folgender:
In der Bauchhöhle grosse Massen frisch ergossenen Blutes. Der
Fruchtsack befindet sich etwas nach aussen von der Mitte der rechten
Tube, ist wallnussgross und enthält ein in einem derben, dunkel-
rothen Blutgerinnsel eingeschlossenes, von der Wand abgelöstes junges
Ei, in welchem ein Embryo nicht aufzufinden ist. Der Fruchtsack
schiebt sich hinten taschenartig unter die hintere Lamelle des
Ligamentum latum nach abwärts. Doch ist letztere noch längst
nicht bis zum Hilus ovarii abgehoben. Die hintere Wand des
Fruchtsackes ist durchscheinend dünn, von mehreren kleinen runden
und scharfrandigen Oeffnungen durchbrochen, von welchen die eine
linsengross, innerhalb der Haftfläche des Eies liegt; ihre blutig
infiltrirten Ränder sind etwas nach aussen umgelegt. Die Ansatzstelle des Eies hat circa Markstückgrösse, ist durch Unebenheit
der Fläche und festanhaftende Fibrin- und Blutgerinnsel gekenntzeichnet; sonst erscheint die Innenfläche völlig glatt. In den Ab-
schabepräparaten, genommen von dem glatten Theile der Innenfläche, finden sich Spindelzellen und einzelne Cylinderzellen mit
langem Cilienbesatz.

Die Tube mündet sowohl vom Uterus als vom Infundibulum
her frei in den Sack, in beiden Theilen völlig durchgängig. Das

Tubenlumen ist nach dem Uterus zu eng; in beiden Theilen ist die Schleimhaut nicht geschwellt, sind deren Falten im Ganzen eher auffallend schwach entwickelt, ebenso ist die Muscularis auch im Bereiche des Fruchtsitzes nicht hypertrophirt.

Wenig nach einwärts vom Fruchsacke adhärirt in der Länge von reichlich 2 Ctm. ein Netzzipfel an der Tube.

Die Adhäsion umfasst das Tubenrohr an der vorderen und hinteren Fläche.

Im rechten Ovarium ein kirschgrosses, frisches Corpus luteum. Die Katastrophe traf die Verstorbene bei anscheinend vollster Gesundheit. Am Morgen des Todestages war sie noch ausgegangen zu arbeiten; am Nachmittage erkrankte sie plötzlich mit heftigen Bauchschmerzen, unter welchen rascher Collaps sich entwickelte. Der schnell hinzugerufene Arzt konnte nur den bereits eingetretenen Tod constatiren. Zwei Tage vorher hatte sich die zu dieser Zeit erwartete Menstruation nur in geringen Spuren gezeigt.

Die Frau hatte zweimal geboren, vor 12 und 3 Jahren und nach der ersten Geburt eine Bauchfellentzündung überstanden.

Die mechanischen Ursachen der Tubenschwangerschaft lagen hier klar zu Tage. Die breite Verbindung, welche zwischen dem unteren Netzrande und der Mitte der rechten Tube hergestellt war, bedingte eine Abweichung der Tube aus ihrer normalen Verlaufsrichtung derart, dass der mittlere Theil stark gehoben, der äussere und innere Schenkel in abschüssiger Richtung erhalten wurden. Ob nun die Fortbewegung des Eies durch muskuläre Kräfte oder allein durch Flimmerströmung stattfindet, so konnte sie an der Knickungsstelle jedenfalls sehr leicht ein Hinderniss finden, entweder durch Unterbrechung der uterinwärts ablaufenden Contractionswelle, oder der in gleicher Richtung sich bewegenden Strömung innerhalb des Tubenlumen.

Die vorstehend mitgetheilten Fälle stellen jeder für sich einen besonderen Modus des Ausganges nach früher Unterbrechung der Tubenschwangerschaft dar, ohne dass mit ihnen bereits alle Varianten des Verlaufes, die möglich und bereits beobachtet sind, erschöpft wären. Einen raschen Ueberblick über die ganze Reihe der möglichen Ausgänge bei Tubenabort dürfte vielleicht folgendes Schema gewähren:

Unterbrechung der Schwangerschaft

mit Ruptur des Fruchtsackes.	ohne Ruptur des Fruchtsackes.

An der Eihaftstelle.	Ausserhalb der Einsertion.	Rückbildung des Eies ohne begleitende stärkere Blutung innen oder nach aussen.	Flächenblutung aus der Eihaftstelle.

Häufigster Ausgang:

Tod.	Genesung.

Blutung

intraperitoneal intraligamentös.

Durch die offene Ampulle in den Douglasschen Raum. Hämatocele.

In die am Ostium abdominale primär oder secundär verschlossene Ampulle. Hämatosalpinx.

Combinirt.

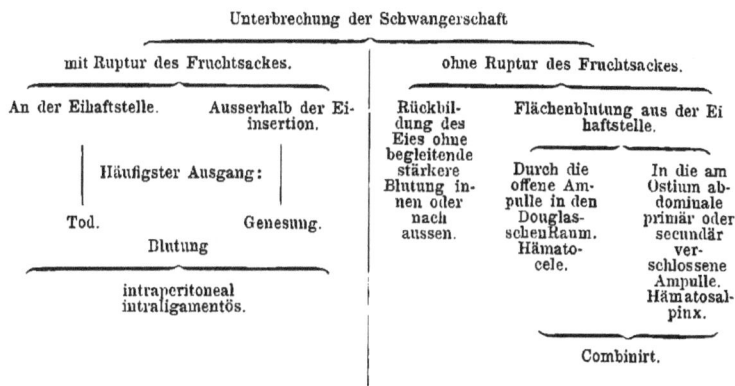

Fall V. Linksseitige Tubenschwangerschaft. Zerfall der circa fünfmonatlichen Frucht. Probatorische Laparotomie. Eröffnung des Fruchtsackes von der Vagina aus. Sectio alta. Ausräumung des Fruchtsackes von der Harnblase aus. Tod an septischer Peritonitis.

Frau Sp., 32 Jahre alt, aus Eilsdorf bei Segeberg, aufgenommen am 25. August 1886.

Op. 8 Jahre verheirathet. Seit dem 21. Jahre in sehr grossen, bis Jahre langen Pausen ganz geringe menstruale Blutungen, sonst vollständige Amenorrhoe. Bereits seit Jahren krank mit Schmerzen im Unterleibe. Nähere Angaben über die Anfangserscheinungen etc. sind aus der in hohem Grade indolenten, wortkargen Person nicht herauszubringen. Aus den Mittheilungen, für welche ich Herrn Sanitätsrath Stolle in Segeberg, der sie zuletzt behandelte, verpflichtet bin, ergiebt sich Folgendes: Patientin war bereits seit Jahren in Behandlung Lübecker Aerzte gewesen; locale Eingriffe irgend welcher Art sind nicht angewendet worden. Vor einigen Monaten hatten sich wieder heftige Schmerzen in der linken Bauchseite eingestellt. Vierzehn Tage darnach war ein knochenartiges Stück aus der Vagina entleert worden, einige Zeit darauf noch zwei kleine Knochenpartikel unter heftigen Schmerzen (aus der Vagina oder Urethra?) abgegangen. Dabei, wie auch schon früher zeitweilig, Dysurie; bis vor wenigen Tagen, mehrere Wochen lang, zeitweise ziemlich hohes Fieber. Von dem oben genannten Herrn Collegen wurde mir die Kranke mit der Diagnose: Extrauterinschwangerschaft — vereiterndes Lithopädion — zugeschickt.

Status präsens. Mässiger Ernährungszustand — anämisch. Leidendes Aussehen. Portio vaginalis der linken Beckenwand angenähert, stark nach vorn aufgebogen. Die vordere Lippe in geringem Grade schürzenförmig verlängert. Die Cervicalschleimhaut stark infiltrirt, der Cervicalcanal auf circa 1 ½ Ctm. Länge für die Fingerspitze zugängig. In der linken Beckenseite faustgrosse Geschwulst, die bei bimanueller Untersuchung deutlich crepitirt. Dieselbe erstreckt sich bis nahe an die vordere Beckenwand heran, dacht sich nach links allmälig ab und erreicht hier nicht ganz die Linea innominata. Mit seiner unteren, flachen Seite wölbt sich der Tumor wenig gegen die Vagina vor. Der Uterus scheint nach rechts hinten zu liegen, lässt sich aber von der Geschwulst nicht deutlich trennen. Im Speculum erscheint die ektropionirte Cervicalschleimhaut an der vorderen Muttermundslippe grauröthlich, granulirt, hier und da in derselben kleine Substanzverluste mit speckigem Grunde. Die Sonde geht auf 6 Ctm. nach rechts und hinten in den Uterus ein. Reichlich 3 Ctm. oberhalb des äusseren Muttermundes stösst sie in der linken Seite auf eine callöse unebene Stelle. Beim Sondiren entleert sich etwas Blut und in glasigem Schleim eine Anzahl erbsengrosser, weisser Klümpchen, die aus Eiterkörperchen und Detritus bestehen. Der mit dem Katheter gewonnene Harn ist übelriechend, stark eitrig.

Der grösste der von der Patientin aufbewahrten Abgänge hat die Gestalt eines Fusses. Länge 19 Mm., grösste Breite 10 Mm., grösste Höhe 4 Mm.

Am vorderen, flachen Ende finden sich 4 zehenartige Hervorragungen. Das Ganze besteht aus einer kalkigen Masse, aus welcher hinten, entsprechend dem Calcaneus ein kleiner Knochenvorsprung hervorragt. An der Fusssohle befindet sich ein flacher, trichterförmiger Defect. Die hier blossliegenden inneren Schichten der Incrustation haben einen bräunlichen Ton, während die äussersten Lagen ganz weiss erscheinen.

Die beiden kleineren, später entleerten Stücke haben die Textur von spongiöser Knochensubstanz, keine charakteristische Form.

26. August Operation. In der Annahme, dass von oben her noch am leichtesten Zugang zum Fruchtsack zu gewinnen sein werde, wird die Laparotomie gemacht. Da aber nur ein Segment

des Uterus von Verwachsungen frei, übrigens der ganze Beckenraum vom überall fest adhärirenden Darme verlegt gefunden wird,
so wird die Bauchwunde zunächst mit provisorischen Nähten geschlossen und zur Eröffnung des Fruchtsackes von der Scheide aus
übergegangen; deren straffe, nullipare Beschaffenheit erschwerte die
nun folgenden Manipulationen nicht wenig.

Das Scheidengewölbe wird nahe der linken Commissur des
Muttermundes durchtrennt, der äussere Wundrand nach aussen
abgeschoben und nun theils stumpf, theils mit kurzen Scheeren-
schlägen neben der Cervix gegen den Fruchtsack vorgedrungen.
Um mehr Raum zu gewinnen, auch um eventuell zu dem Ver-
bindungsgang zwischen Uterus und Fruchtsack und von da aus
in den letzteren zu gelangen, wird die linke Cervixwand 3 Ctm.
hinauf gespalten. Mehrere stark spritzende Aeste der Uterina werden
umstochen. Da auf diesem Wege der Zugang nicht erreicht wird,
wird etwas oberhalb und nach vorn von dem oberen Ende der
Längswunde im Uterushalse der Fruchtsack stumpf mit der Fingerspitze durchbohrt. Der Sack zeigt sich mit Sceletttrümmern dicht
erfüllt. Bei dem Versuche, dieselben zu lockern, gelangt der Finger,
ohne dass irgend stärkerer Druck angewendet worden, nach rechts
in die Harnblase. Nach der Scheide hin entleert sich dabei etwas
blutige, sehr übelriechende Flüssigkeit.

Dilatation der Harnröhre mit Simon'schen Speculis bis Nr. 6.
Der durch die Harnröhre eingeführte Finger gelangt durch eine
weite Oeffnung links im Boden der Harnblase in den Fruchtsack.
Der Versuch mit einer von der Vagina aus in den Fruchtsack eingeführten Kornzange unter Leitung des in der Blase liegenden
Fingers den ersteren auszuräumen, erweist sich als unausführbar,
weil die im Fruchtsack liegenden Knochenstücke zu gross und
scharfkantig sind, als dass sie durch die Scheidenwunde und ohne
erhebliche Erweiterung derselben und die Gefahr bedenklicher An-
reissungen ausgezogen werden könnten. Es wird deshalb beschlossen,
die Ausräumung von der in ihrem Scheitel eröffneten Blase aus
vorzunehmen. Zunächst wird die Bauchwunde definitiv vereinigt,
dabei das den Blasenscheitel bedeckende Peritoneum möglichst weit
nach oben zurückgeschoben und mit den Rectis oben zusammen-
genäht. Nach Durchtrennung der Linea alba bis zur Symphyse
abwärts wird die Blase noch eine kurze Strecke weit abwärts von
der Symphyse abgelöst und der Länge nach eröffnet. Nach Durch-

trennung der Recti, unmittelbar über ihrer Insertion an der Symphyse lässt sich die Blasenbauchwunde zu reichlich Fünfmarkstückweite auseinanderziehen. Durch combinirte Arbeit der von oben durch die Blase und von der Vagina aus in den Fruchtsack eingeführten Zeigefinger wird die Fruchthöhle ausgeräumt, der Inhalt in die Blase geschoben und von hier mit Kornzange entfernt. Ausser kleineren Knochentrümmern und grossen platten Knochenstücken werden auch mehrere, bis 1 Ctm. dicke Gewebsstücke, letztere nach vorsichtiger Abschälung, von der Innenfläche des Fruchtsackes entfernt. Jetzt erscheint der entleerte Hohlraum sehr unregelmässig durch mehrfach faltenartige Vorsprünge der Wand; ausserdem ist die Innenfläche rauh, fetzig, zum Theil noch mit adhärirenden kleinen Knochentrümmern, resp. Kalkpartikeln hier und da besetzt. Nach rechts hinten befindet sich eine für die Fingerspitze eben durchgängige Perforationsöffnung, hinter welcher ein weiterer Raum mit glatter Innenfläche liegt. Nach Wiedereröffnung des oberen Bauchnahtabschnittes zeigt sich, dass Perforation nach der freien Bauchhöhle hin nicht vorliegt.

Wiederverschluss der Bauchwunde, Anheftung der seitlichen Blasenwundränder an die Musculi recti, der rechte Rectus wieder an die Symphyse angenäht. Der flache Wundraum zwischen Blase und Symphyse mit Jodoformgaze ausgestopft, dickes Drainrohr durch die Blase und Fruchtsack nach der Vagina hindurch gezogen.

Am Abend des Operationstages und am nächstfolgenden Tage war das Befinden durchaus nach Wunsch. Am 28. August aber wurde Patientin somnolent, entleerte nur sehr wenig stark braunen Urin; es bestand ferner häufiges Aufstossen und Singultus. Durch das Drainrohr entleerte sich am folgenden Tage stark jauchige Flüssigkeit in mässiger Menge, das Coma vertiefte sich mehr und mehr, neben starkem Singultus trat auch Erbrechen auf, der Bauch war mässig aufgetrieben und erschien etwas druckempfindlich.

Temperaturmaximum am 28. August 38,6°, am 29. 37,9°. Am 29. August Abends Exitus lethalis.

Section (Prof. Heller) ergab als wesentlichen Befund:

Frische Peritonitis.

Sehr starke parenchymatöse Trübung des Herzfleisches, Leber, Nieren.

Sehr starke Milzschwellung.

Kleine fibröse Knoten der Milz.

Nierennarben.

Schlaffe Infiltration des rechten unteren Lungenlappen.

Residuen von Pleuritis.

Ganz geringe chronische Endarteriitis.

Geringe chronische Meningitis.

Die Beckenorgane waren bis zu meiner Rückkehr von einer mehrwöchentlichen Reise in 2 % Chloralhydratwasser aufbewahrt worden. Sie befanden sich circa 6 Wochen nach der Autopsie noch in einem für die makroskopische Untersuchung durchaus geeigneten Zustande. Die um diese Zeit von Herr College H e l l e r in Gemeinschaft mit mir ausgeführte Detailuntersuchung ergab Folgendes: Der auf einen kaum wallnussgrossen Raum reducirte Fruchtsack communicirt durch eine nahezu zehnpfennigstückgrosse Oeffnung mit dem Mastdarme, durch einen breiten, die ganze Länge der linken Wand der Harnblase einnehmenden Spalt mit dieser und durch den links neben dem gespaltenen Uterushalse sich erstreckenden Wundkanal mit der Vagina.

Die Uterushöhle ist nahezu 6 Ctm. lang, vom Fundus bis zum inneren Muttermunde 3 Ctm. Die beiden Fundusecken sind symmetrisch ausgebildet, der Uteruskörper mit kaum 1 Ctm. dicker Wand liegt nach vorn. Das rechte Ligamentum latum ist als freie Duplicatur wegen diffuser Verwachsung mit den Nachbartheilen nicht mehr vorhanden, die rechte Tube nur eine kurze Strecke weit zu verfolgen, der rechte Eierstock mit dem Fundus verwachsen, kleinhühnereigross, enthält mehrere mit flüssigem und geronnenem Blute erfüllte Hohlräume, in der Peripherie einzelne, kleine, anscheinend normale Follikel. Auch das linke Ligamentum latum als freie Falte nicht mehr vorhanden. Von der linken Fundusecke aus lässt sich ein in der Höhe des Fundus verlaufender Gang verfolgen, der 4 Ctm. lang gestreckt nach aussen zieht, dann blind endigt. Gleich jenseits des blinden Endes zeigt sich unter dem Peritoneum eine länglich ovale, fluctuirende Verdickung. Beim Einschneiden findet sich hier ein Hohlraum von gut Erbsengrösse. Dieser ist mit einer dünnen Membran ausgekleidet, welche an der Innenfläche feine, meist circuläre Falten trägt. Am lateralen Ende dieses Hohlraumes befindet sich ein feines punktförmiges Grübchen, von dem aus auch die feinste Sonde nicht mehr weiter nach aussen vordringt. Eine kaum 2 Mm. dicke Gewebsschicht trennt diesen Punkt von dem Lumen des Fruchtsackes. Dieser erstreckt sich nach unten und hinten vom Tubengang bis nahe an den Uterus heran. Eine Communication zwischen Fruchtsack und Uterushöhle (welche doch wohl von dem bei der Operation angelegten Längsschnitte getroffen war) ist nicht mehr nachzuweisen, das linke Ovarium ist nicht aufzufinden. Die obere Fruchtsackwand ist reichlich 5 Mm. dick, in kleinem Bezirke von blossliegendem Peritoneum bedeckt. An letzteres schliesst sich eine mehrere Millimeter dicke Schicht compacten Gewebes; von dieser lässt sich stellenweise noch eine dünnere festgewebte Lage als besondere Fruchtsackwand zu innerst abtrennen.

Dicht unterhalb des Fruchtsackes findet sich bei Einschnitt eine circa kirschgrosse Höhlung, welche durch dünne Bindegewebssepta wieder in Unterabtheilungen zerfällt. Dieser Raum ist zwischen Rectum, dem Scheidengewölbe resp. Uterushals und dem angrenzenden Theile des Ligamentum latum gelegen und abgesehen von den Ansatzstellen der bindegewebigen Scheidewände mit glatter Serosa ausgekleidet. Von dem inneren Umfange dieses Raumes (noch erhaltener Rest des Douglas'schen Raumes) führt ein kurzer Gang in den links neben dem Uterus verlaufenden Wundkanal.

Beschreibung der bei der Operation entfernten Theile.

Die dem Fruchtsacke entnommenen Knochenfragmente bestehen der Hauptsache nach aus schwachgekrümmten Platten, von welchen die grösseren zum Theil länglichviereckige, zum Theil rhombische, die kleineren ganz unregelmässige Formen haben. Die Ränder sind theils fein sägeförmig, theils stärker und ungleichmässig ausgezackt. Das grösste Fragment besitzt eine Länge von 30 Mm., eine Breite von 22 und eine Dicke von 4 Mm. Zusammengelegt füllen diese Stücke ungefähr ein Quadrat von 6 Ctm. Seitenlänge. An der concaven Seite zeigt sich eine ziemlich regelmässige, netzförmige Zeichnung, meist mit gestreckten Maschenräumen, bedingt durch verzweigte und unter einander anastomosirende Knochenbalken. Durch ungleiche Dicke und vielfach der Tiefe nach erfolgende Kreuzung der Balkenverzweigungen kommt es an dieser Seite zu stellenweise ziemlich erheblichen Niveaudifferenzen. Die äussere Fläche der Knochenstücke hat ein rissiges, borkiges Aussehen, doch erkennt man noch fast überall eine äusserste, sehr dünne, compacte Knochenschicht, die an einzelnen Stücken noch vollständig vorhanden und nur von kleineren und grösseren Poren durchsetzt ist; an anderen

Stücken sind nur noch geringe Reste dieser Lage in Form von isolirt stehenden kleinen Knochenplättchen vorhanden, deren Zwischenräume von fein spongiöser Substanz erfüllt sind. Auf dem Bruche erschienen die Knochenstücke von sehr ungleicher Dicke, vielfach durch grössere, zwischen den Grenzschichten gelegene Hohlräume aufgetrieben, überall sehr porös. Ausserdem ist der Knochen in seiner ganzen Dicke von vielen Oeffnungen durchsetzt, die an der unteren Fläche den Vertiefungen zwischen den Knochenstrahlen, an der convexen Seite den hier meist feineren Lücken der oben erwähnten compacten Schicht entsprechen. Die concave Seite ist an den meisten Bruchstücken von einer dünnen Kalkschicht überzogen, hier und da findet sich eine solche auch an der entgegengesetzten Fläche. Die Oeffnungen und Hohlräume der trocken aufbewahrten (und erst später genauer untersuchten) Knochen enthalten zum Theil eingetrocknetes Blut und Gewebsreste. Der Beschreibung dieser eigenthümlichen Bildung habe ich durch eine Abbildung des grössten Fragmentes, das von beiden Seiten aufgenommen ist, zu Hülfe zu kommen gesucht (Fig. 4 u. 5).

Bei der Unzulänglickeit der anamnestischen Daten und der eigenthümlichen Beschaffenheit der durch die Operation zu Tage gebrachten Trümmer war der früher abgegangene incrustirte Fuss, dessen characteristische Form jede Missdeutung ausschloss, das einzig sichere Beweisstück dafür, dass wir es mit den Resten einer fötalen Bildung zu thun hatten. Herr College Stolle hatte in dem der Patientin mitgegebenen Schreiben die Frage ausgesprochen, ob nicht die zerfallene Frucht der Kranken congenital, ein Fötus in fötu sein könne. Der wunderbare Zustand der dem Fruchtsack entnommenen Knochentheile, die, wenn überhaupt ehemalige Bestandtheile eines Skelettes, nur für Schädelknochen gelten können, gab nun diesem Gedanken auch für mich etwas festeren Rückhalt, da gröbere Abweichungen in Bezug auf Gestalt und Textur im Ganzen wie an einzelnen Körperbestandtheilen bei solchen Bildungen eher beobachtet werden und auch sich erklären lassen. Auf der anderen Seite machte der Leichenbefund eine im Ligamentum latum entwickelte Tubenschwangerschaft doch sehr wahrscheinlich, ohne aber andere Deutungen ganz ausgeschlossen erscheinen zu lassen. Um so wichtiger war es, dass es der mikroskopischen Untersuchung gelang, die auffallenden Veränderungen an den Bruchstücken des Schädeldaches der Hauptsache nach auf secundäre Processe zurückzuführen, die einer jüngeren Epoche angehörten als die Entwicklung und das Leben der Frucht.

Zwei etwas kleinere Fragmente hafteten fest an einem der bei der Ausräumung des Fruchtsackes mit herausgebrachten Gewebsstücke. Letzteres hatte mikroskopisch alle Eigenschaften einer alten Abscessmembran. In den äusseren Lagen herrschte fibrilläres Bindegewebe vor mit einzelnen etwas grösseren Gefässen und herdförmiger Anhäufung kleiner Rundzellen. Näher dem adhärenten Knochen ist das Gewebe gleichmässig und dicht mit Rundzellen durchsetzt, zwischen denen spärliche Fibrillenzüge, aber zahlreiche Capillaren sichtbar sind: Auf diese Zone folgt dicht über dem Knochen eine strafffasrige Lage, in welcher nur wenige, anscheinend eingewanderte Zellen lagern, während Bindegewebskerne in regelmässiger Anordnung fehlen (Pericranium). Der in 3% procentiger Chromsäurelösung entkalkte Knochen ist von zahlreichen, schräg, senkrecht und horizontal gelagerten Spalträumen durchsetzt, die zum Theil die begrenzenden Knochenlamellen an Breite bedeutend übertreffen. Diese Räume sind nun von demselben Gewebe erfüllt, welches dem Pericranium aussen anliegt und, wie sich nun weiter zeigt, dieses an zahlreichen Stellen durchbrochen hat. Die an der entkalkten Grundsubstanz sichtbare parallele Streifung ist an den Orten, wo das Granulationsgewebe in den Knochen eindringt, nach der periostalen Seite hin aufgebogen. Auch sonst erscheinen die Lamellensysteme des Knochens vielfach verworfen, winklig gekrümmt und ineinander verschoben. Die Ränder der von Granulationsgewebe umgebenen Knochenbalken sind durchgehends stark gezackt, zum Theil auch mit ganz kleinen halbkreisförmigen Ausschnitten versehen, die an Hawship'sche Lakunen erinnern. Von den gröberen Lücken aus dringen feinere Spalten in die Knochensubstanz ein, welche einzelne isolirt liegende Rundzellen enthalten; in dem die gröberen Hohlräume des Knochens erfüllenden zelligen Gewebe verbreiten sich spärliche und zarte Fibrillenzüge und zum Theil sehr weite Capillaren. Die Grundsubstanz der Knochenbalken besteht an vielen Stellen aus zwei ungleich gearteten Schichten, einer die Mitte der ersteren einnehmenden fein gekörnten, zum Theil auch mit etwas grösseren und helleren Kreisen durchsetzten, welche an den mit Bismarckbraun gefärbten Schnitten eine sattere Färbung besitzt (alter Knochen) und einer peripheren Lage, welche homogen und weniger färbbar ist (Knochenneubildung aus mütterlichem Gewebe).

In der centralen Schicht sind nur ganz vereinzelt Knochenkörperchen zu finden und diese mit wenigen Ausnahmen kernlos, während in der äusseren Zone mit gut färbbaren Kernen versehene Körperchen in ziemlich regelmässigen Reihen eingeschlossen sind. Die dem Knochen zunächst liegenden Granulationszellen zeigen an vielen Stellen eine Art Richtung, den Reihen der Knochenkörperchen parallele Lagerung und hier und da einen schmalen Hof aus einer fein granulirten Substanz. Die innere und äussere Grenzlinie der peripheren Knochenzone haben einen fast überall genau übereinstimmenden zackigen und welligen Verlauf (Arrosions- und Appositionslinie).

Es handelt sich nach diesen Beobachtungen also um Fixirung einzelner Bruchstücke des Schädeldaches an der inneren Grenzschicht des Fruchtsackes durch zahlreiche von dieser ausgehende Zapfen eines Gewebes, das in der Umbildung von Granulations- zu definitivem Bindegewebe begriffen ist. Dieses Gewebe hat nach Zerstörung der äusseren Schädelhüllen das Pericranium durchbrochen und sich innerhalb des Knochens in seinen bindegewebigen Zwischenschichten ausgebreitet, schliesslich auch die innere Lamelle siebförmig durchbohrt. Die innerhalb des Knochens wuchernde Granulationen haben zuerst überall die Knochensubstanz stark arrodirt, das Gefüge des Knochens nach allen Richtungen hin gelockert, nicht bloss Spaltungen in horizontaler Richtung, sondern auch Brüche durch die Dicke des ganzen Knochens verursacht, die Bruchstücke gegeneinander verbogen und verschoben. In Bezug auf diese Verhältnisse stimmen die adhärirenden Knochentheile mit den lose im Fruchtsack gelegenen vollständig überein, von denen einzelne gleichfalls entkalkt und zur Anfertigung mikroskopischer Schnitte benutzt wurden.

In dieser Granulationswucherung haben wir also diejenigen Kräfte gefunden, welche nicht bloss, nachdem der übrige Körper zerfallen, den Schädel in seine natürliche Theilstücke zerlegten, sondern auch noch letztere in verschieden grosse Fragmente zerbrachen. Die entzündliche Gewebswucherung, welche dieses Werk vollbrachte, vermochte sich dann aber in den von ihr erfassten Schädelknochen weiter zu organisiren und so eine gewebliche Vereinigung zwischen ihrer Matrix und diesem herzustellen und noch mehr! Die arrodirten Flächen des alten Knochens bedecken sich mit Schichten jungen Knochengewebes, das als eine weitere Umbildungsstufe des eingedrungenen Granulationsgewebes auftritt. Aus dieser erst zerstörenden, dann im Ueberschuss aufbauenden Thätigkeit des neuen die Schädelknochen durchdringenden Gewebes erklärt sich also ungezwungen das fremdartige Bild, welches die durch und durch porösen, abnorm dicken und überhaupt von der gröberen Textur eines normalen Fötusschädels so weit abweichenden Knochenplatten zuerst darboten. Es unterliegt keinem Zweifel, dass die im Fruchtsack zur Zeit der Operation frei liegenden Fragmente in einer früheren Zeit sämmtlich mit dessen Wand verwachsen waren, und dass ihre mit den adhärenten Stücken übereinstimmenden gröberen Bauverhältnisse von denselben Vorgängen abzuleiten sind, die nur in ersteren noch der mikroskopischen Betrachtung sich enthüllen konnten. Die spätere Trennung des Zusammenhanges geschah unter dem Einflusse der Jauchung, welche in den letzten Monaten innerhalb des Fruchtsackes auftrat und das die Verbindung unterhaltende Gewebe im Innern und an der äusseren Seite der Knochenstücke mit Ausnahme weniger zum Absterben brachte.

Zuletzt noch eine kurze Angabe über die Structur der innersten aus dem Fruchtsacke bei der Operation entfernten Gewebslagen. Dieselbe besteht ausschliesslich aus Bindegewebe, das mit Rund- und Spindelzellen dicht durchsetzt, nur hier und da in breiteren Balken deutlicher hervortritt, die mit paralleler Faserung in verschiedenen Richtungen verlaufen. Durch die ganze Dicke der Gewebsschicht hindurch zerstreut finden sich zahlreiche Riesenzellen, bald mit Rand-, bald mit mittelständiger Lagerung der Kernmassen. Die Riesenzellen liegen zum Theil frei im Gewebe, vielfach aber bilden sie das Centrum von kreisförmigen Figuren. Diese sind begrenzt von einer Zone circulär verlaufender Bindegewebsbündel, bestehen übrigens aus einer bald lockerern, bald dichteren Anhäufung grosskerniger, endothelioider Zellen.

Zum Schlusse mögen noch einige Bemerkungen in Bezug auf die operative Seite des Falles hier Platz finden; eine ausführlichere Begründung der oben dargestellten Operation zu geben, ist nicht meine Absicht.

Nach den in den letzten Monaten vor der Operation an der Kranken gemachten Beobachtungen und in Berücksichtigung der zur Zeit ihrer Aufnahme bestehenden Symptome hielt ich den Versuch einer operativen Entfernung der verhaltenen Fötusreste für geboten. In Bezug auf das eingeschlagene Verfahren bedaure ich, dass ich dem Krankheitsherde durch den Bauchschnitt beizukommen versucht habe, ein Unternehmen, dessen Unausführbarkeit vor der Operation allerdings nicht wohl vorauszusehen war. Die Anwendung der Sectio alta möchte ich dagegen als ein unter den gegebenen Umständen zweckmässiges Verfahren aufrecht erhalten. Der vaginale Blasenschnitt wäre schon in Anbetracht der Engigkeit der Vagina misslich gewesen, hätte auch ein combinirtes Manipuliren behufs Herausbeförderung der Knochentrümmer, das sich in diesem Falle sehr wirksam erwies, nicht zugelassen. Einen weiteren Vortheil gewährte der hohe Blasenschnitt durch die Möglichkeit, die in die Blase dislocirten Fragmente zu sehen und mit grösster Schonung der Blasenschleimhaut herauszunehmen.

Stände ich wieder vor der Aufgabe, einen analogen Fall zu behandeln, so würde ich vielleicht den Durchbruch in die Harnblase, dessen Vorboten für mich in diesem Falle zum grossen Theil bestimmend waren, mit dem operativen Eingriffe nicht zu zögern, absichtlich abwarten, um nach zu Stande gekommener Communication zwischen Fruchtsack und Harnblase mir durch die Sectio alta den Weg zu ersterem zu eröffnen. Unter Umstände könnte derselbe Weg eingeschlagen werden, auch ehe der Durchbruch erfolgt ist, wenn nur sichere Anzeichen dafür bestehen oder mittelst Austastung der Blase sich erhalten lassen dafür, dass der Fruchtsack dieser dicht genug anliegt, um ohne Eröffnung der Bauchhöhle von ihr aus erreicht werden zu können. Nach Ausräumung des Fruchtsackes müsste dieser nach oben durch die Harnblase und nach unten gegen die Scheide hin drainirt werden.

Abtheilung III.

Ueber Indicationen und Methoden der Laparotomie bei Extrauterinschwangerschaft.

Der von der Mehrzahl der Autoren in Bezug auf die Therapie der Extrauterinschwangerschaft eingenommene Standpunkt leidet unleugbar an Inconsequenzen, die daraus entstehen, dass der Factor des kindlichen Lebens aus der Rechnung nicht principiell ausgelassen wird. Meine Ansicht ist, dass die ectopische Schwangerschaft ausschliesslich unter dem Gesichtspunkte einer bösartigen Neubildung betrachtet werden muss, deren Beseitigung wir, gleichgültig in welchem Stadium ihrer Entwicklung wir auf sie stossen, uns als principielles Ziel stecken sollen. Dieser Standpunkt findet nur in der sehr mannigfaltigen Gestaltung, in welcher die Extrauterinschwangerschaft erscheint, seine natürliche Beschränkung.

Für die späteren Stadien der Extrauterinschwangerschaft hat Litzmann die Alles überwiegende Bedeutung der anatomischen Grundlage für die Aufstellung der Indicationen auf das Ueberzeugendste klargelegt [1]). Das Gleiche gilt für alle, auch die früheren und mittleren Perioden der Schwangerschaft. Abgesehen von der ächten Abdominalschwangerschaft, die, wenn überhaupt vorkommend, doch als der bei weitem seltenste Befund practisch vernachlässigt werden kann, so gestalten sich für die Tuben- und Ovarialschwangerschaft und deren Combination (deren thatsächliches Vorkommen, wie oben ausgeführt, mir noch nicht über jeden Zweifel erhoben scheint) sehr ungleich, je nachdem das Wachsthum des Fruchtsackes die ursprüngliche Verbindungsweise des befallenen Organes mit dem übrigen Sexualapparat bestehen lässt oder letztere durch Entfaltung des Ligamentum latum tiefgreifende Veränderungen erleidet. In Bezug auf die technische Aufgabe treten diese Unterschiede in den ersten Monaten der Schwangerschaft noch wenig hervor. Bei Tuben- und Eierstocksschwangerschaft werden zu dieser Zeit unter allen Umständen

---

[1]) Arch. f. Gyn. Bd. 19 S. 104.

die Versorgung des Ligamentum latum und die Beseitigung des
ganzen Fruchtsackes ohne gefährliche Blutung durchführbar sein.
Dieselbe Möglichkeit ist für alle Stadien der Schwangerschaft fest-
zuhalten, wenn der Fruchtsack in freier Verbindung mit dem Ligamentum latum geblieben war. Unter diesen Umständen lässt selbst
die Radicaloperation zur Endzeit der Schwangerschaft die Möglichkeit eines auch der Frucht zu Gute kommenden Erfolges offen,
wenn auch der mit dem Fortschreiten der Schwangerschaft stetig
wachsende Gefässreichthum aller Gewebe innerhalb des Operations-
gebietes, die Ausbildung adhäsiver Verbindungen des Fruchtsackes,
seine zunehmende Zerreisslichkeit die Gefährlichkeit des Eingriffes
in steigendem Masse erhöhen. Eine Ausnahme bilden in dieser
Beziehung vielleicht solche Fälle, wie die von Jessop, Bandl,
Walter u. A. beschriebenen, von frei in der Bauchhöhle liegender
Frucht, ein Befund, der, wie ich früher wahrscheinlich zu machen
suchte, am häufigsten, wenn nicht ausschliesslich bei gestieltem
Fruchtsacke sich entwickelt. Hier muss sowohl die Entfernung der
Frucht selbst, als ihrer sämmtlichen auf ein verhältnissmässig kleines
Gebilde reducirten Anhangstheile technisch leicht und mit Vermeidung
einer gefährlichen Blutung ausführbar erscheinen.

Die interstitielle Tubenschwangerschaft würde der gestielten
insofern zuzurechnen sein, als wenigstens bei typischer Gestaltung
des Fruchtsackes zu allen Zeiten der Schwangerschaft eine Totalexstirpation möglich sein wird. Nur würde hier der Stiel nicht
vom Ligamentum latum, sondern vom Uterus gebildet sein und der
Eingriff nach dem Muster der supravaginalen Uterusamputation sich
gestalten müssen (cf. Leopold, Centralbl. f. Gyn. 1885 Nr. 5).

Bei der Behandlung des Uterusstumpfes würde ich jedenfalls
nach Leopold's Vorgang der extraperitonealen Methode den Vorzug
geben, aus Rücksicht auf den puerperalen Zustand des Uterus, die
in Aussicht stehende Blutung und möglichen Zersetzungsvorgänge
bei Ausscheidung der Decidua etc. Nur für den Fall, dass der
interstitielle Fruchtsack das Ligamentum latum zur Entfaltung gebracht hat, ein Wachsthumsmodus, der durch neuere Beobachtung
ja auch für diese Form der Tubenschwangerschaft wahrscheinlich
gemacht worden ist [1]), kommen dieselben Gesichtspunkte zur Geltung,

---

[1]) Leopold-Marschner, Centralbl. f. Gyn. 1886 Nr. 17. — Martin,
Zeitschr. f. Geb. u. Gyn. Bd. 11 S. 416.

denen die operative Therapie bei **intraligamentösem** Fruchtsitze
überhaupt zu folgen hat.

Hier ist meiner Meinung nach ein operatives Eingreifen in
den Gang der fortschreitenden Schwangerschaft, resp. überhaupt zu
Lebzeiten der Frucht nur zulässig, so lange es möglich erscheint,
ohne zu schwere Gefährdung der Mutter mit der gesammten Schwanger-
schaftsneubildung tabula rasa zu machen, denn die isolirte Entfernung
der Frucht bedingt eine nahezu absolut lethale Prognose. Die
äusserste Grenze aber, bis zu welcher der radicale Eingriff für
einen Operateur von mittlerer Begabung (und mit dem Mittelmass
muss bei der Aufstellung genereller Maximen ja gerechnet werden)
als zulässig erscheinen darf, liegt meiner Ansicht nach in der Mitte,
oder wenigstens den mittleren Monaten der Schwangerschaft.

In dieser Hinsicht kann der von mir in Gemeinschaft mit
Litzmann operirte, oben näher beschriebene Fall Fr. als vor-
bildlich gelten. Hier war von der Entfaltung noch die innerste dem
Uterus nächstgelegene Partie des breiten Bandes verschont geblieben
und damit die Möglichkeit geboten, durch umfassende Unterbindung
dieses Theiles vor Berührung des Fruchtsackes die denselben hauptsächlich versorgenden Gefässbahnen auszuschalten. Dieser Umstand,
der schon bei der klinischen Untersuchung sich mit Sicherheit feststellen liess, bestimmte auch Geheimrath Litzmann, in die von
mir in Vorschlag gebrachten Radicaloperation einzuwilligen [1]). Auch
nach anderen Richtungen, nach aussen sowohl als gegen die Basis
des Ligamentum latum, war der Fruchtsack noch nicht soweit
innerhalb des letzteren vorgedrungen, dass nicht die Umstechung
der basalen Partien des breiten Bandes und die Absetzung des
Fruchtsackes mit Hinterlassung nur eines kleinen Restes hätte stattfinden können. Aus dem aufgerissenen Fruchtsacke blutete es, trotz
ausgiebiger Blosslegung der Placenta, Dank der zuerst angelegten
Ligatur, fast gar nicht, und nur die zufällige Verletzung einer grösseren
Beckenvene bei Anbringung einer späteren Ligatur verschuldete es,
dass die ganze Operation nicht mit geringem Blutverluste verlief.

In dem Martin'schen im siebenten Monate der Schwangerschaft
operirten Falle muss der sonst unerwünschte Sitz der Placenta an
der vorderen Wand des Fruchtsackes als ein glücklicher Umstand

---

[1]) cf. Litzmann, Erkenntniss und Behandlung der Frauenkrankheiten.
Berlin 1886 S. 43.

betrachtet werden. Ihm war es sicher zu danken, dass die seitlich am Uterus und an den basalen Theilen des Fruchtsackes angelegten Umstechungen die Gefässwurzeln der Placenta so vollständig treffen konnten, dass die Ablösung der Placenta und die Absetzung der prominenten Theile des Fruchtsackes ohne weitere Blutung vorgenommen werden konnte. Ferner ist der Unterschied zwischen einer 7- und 10monatlichen intraligamentösen Schwangerschaft in Bezug auf Gefässentwicklung, Verdrängung des Bauchfells von seinen natürlichen Haftflächen und Umfang der im Beckenzellgewebe steckenden Sackabschnitte ein ausserordentlich grosser. Will man also in späterer Schwangerschaftsperiode bei intraligamentösem Sitze der lebenden Frucht operiren, so wird man immer wieder auf die ältere, conservative Operationsmethode zurückgreifen und damit auch weiterhin denselben ungünstigen Bedingungen gegenüberstehen, die einen glücklichen Erfolg fast unmöglich machen. Soweit die intraligamentöse Schwangerschaft in Betracht kommt, halte ich deshalb an dem auf einem Vortrage während des Kopenhagener Congresses von mir erhobenen Widerspruch gegen die Laparotomie bei lebender Frucht in der Endzeit der Schwangerschaft durchaus fest.

Von verschiedenen Seiten ist dieser Standpunkt als eine Uebertreibung der von Litzmann gegen ein actives Verhalten geäusserten Bedenken aufgefasst worden. Meine Anschauungen über die Grundsätze operativen Handelns bei später Extrauterinschwangerschaft wurzeln naturgemäss in der von Litzmann vertretenen Lehre, und ich darf wohl sagen, auch in dem oben aufgestellten Satz ist das Litzmann'sche Urtheil, nur in mehr apodictischer Fassung wiederholt, in Wahrheit kaum überschritten, denn wenn man Litzmann's Ausführungen in seiner ersten wichtigen Arbeit (Arch. f. Gyn. Bd. 16 S. 398 ff.) genau darauf ansieht, so wird man die Zulassung der Operation bei lebender Frucht mit so vielen Klauseln umgeben finden, dass in Wirklichkeit nicht leicht ein Fall vorkommen wird, der alle diese Ansprüche vollständig erfüllen und nach Litzmann für ein actives Vorgehen geeignet erscheinen könnte.

Aus der von den verflossenen sechs Jahren vorliegenden Casuistik habe ich acht bei lebender Frucht ausgeführte Spätoperationen sammeln können, die ich in Tabelle I hier folgen lasse. Es ist nur eine weitere Fortsetzung der von Litzmann für diese Kategorie aufgestellten ungeheueren Verlustliste. Auf acht Operationen nur eine Genesung und diese nach einer bereits im 7. Schwangerschaftsmonate ausgeführten Operation. Von den übrigen sieben Kindern wurden fünf lebend entlassen, über zwei von diesen wird angegeben, dass sie noch im Alter von drei Monaten bei guter Gesundheit waren. Ein Kind kam sterbend zur Welt, ein zweites starb am nächsten Tage.

An diese Zusammenstellung schliesst sich eine Liste der in dem gleichen Zeitraum bei todter Frucht ausgeführten Laparotomien (Spätoperationen). In dieser Liste mögen noch manche Fälle fehlen, die mir bei der Verfolgung der Litteratur in diesen Jahren entgangen sind. Ausserdem habe ich im Interesse leidlicher Verwerthbarkeit der Aufstellung eine Anzahl von Operationsberichten unberücksichtigt lassen müssen, aus welchen, wegen zu früher Mittheilung über das Endergebniss der Operation nichts zu ersehen war; einzelne Fälle ferner, die mir nicht ganz zuverlässig erschienen, und ferner mehrere, die ich im Original nicht nachlesen konnte, während das Referat in Bezug auf die wesentlichen Punkte im Stiche liess. Immerhin ist meine Statistik noch viel weniger unvollständig als die jüngst von Maygrier veröffentlichte, die, über weit zurückliegende Zeiträume sich erstreckend, doch auch die letztvergangenen sechs Jahre mit berücksichtigt[1]).

Ueber die Verwerthbarkeit einer solchen Zusammenstellung nach der statistischen Seite hin, bin ich weit entfernt, mir Illusionen zu machen, doch möchten einzelne daraus zu entnehmende Zahlenverhältnisse einige Beachtung verdienen.

Die Gesammtmortalität in meinen 53 Fällen beträgt 37,7 % gegenüber 42,4 %, die sich aus den von Litzmann gesammelten Fällen der gleichen Kategorie ergiebt. Während letztere Zusammenstellung bis in das vorige Jahrhundert zurückgeht, die wenigsten dieser Fälle mit Beobachtung der Lister'schen Principien operirt sind, gilt das Letztere für meine Liste mit ganz wenigen Ausnahmen. Ein bemerkenswerther Einfluss der antiseptischen Methode auf das Endergebniss der Operation ist also noch nicht zu erkennen, ein Resultat, das aus inneren und äusseren Gründen leicht erklärlich ist.

Ferner zeigt sich auch in der Reihe meiner Fälle in Uebereinstimmung mit der von Litzmann betonten Erfahrung eine zu-

---

[1]) Terminaisons et Traitement de la grossesse extra-utérine. Paris 1886.

I.

8 Fälle von Laparotomie bei lebender Frucht in den letzten Monaten der Extrauterinschwangerschaft, 1880—86.

		Ausgang.	Operation.	Frucht.	Bemerkungen.
1	Lawson Tait, Obst. Journ. of Gr. Brit. etc. 1880 p. 577. Refer. Centralbl. f. d. med. Wissensch. 1881 Nr. 6.	Gestorben am 4. Tage.	Einnähung des Fruchtsackes in die Bauchwunde.	Lebend. Reif.	Intraligamentöse Schwangerschaft.
2	Vedeler und Normann, Norsk Magaz. f. Lægevidensk. 1880. 3. R. Bd. X.	Gestorben am nächsten Tage. Unter welchen Erscheinungen?	Fruchtsack nicht adhärent. Geborsten mit Austritt eines Fusses. Fruchtwasser in der Bauchhöhle. Starke Blutung bei der Incision. Einnähung in die Bauchwunde.	Reif. Asphyctisch. Zum Schreien gebracht. Starb am nächsten Tage. Ausgedehnte Exfoliation der Oberhaut.	Tubenschwangerschaft.
3	Netzel, Hygiea 1881 April.	Gestorben am 2. Tage unter peritonitischen Erscheinungen.	Placenta vom Schnitt getroffen. Starke Blutung. Der obere, nicht adhärente Theil des Fruchtsackes hervorgezogen und über einer Anzahl von Ligaturen abgetragen. Der abgebundene Rest an dem einen Wundrand angenäht, die Wunde vollständig geschlossen, nur in dem unteren Winkel Drainagerohr nach dem Douglas'schen Raume eingelegt.	2825 Gr. Nicht asphyctisch.	Autopsie: Allgemeine adhäsive Peritonitis. Fruchtsackrest im Becken. Der zurückgelassene Theil der Placenta in Verbindung mit dem rechten Lig. lat. Rechte Tube und Ovarium nicht gefunden. Wahrscheinlich intraligamentöse Schwangerschaft.
4	Martin. Berlin. klin. Wochenschrift 1881 Nr. 51 u. 52.	Genesen.	Fruchtsack nicht verwachsen. Placenta an der vorderen Wand. Tiefe Umstechungen am Seitenrande des Uterus und an der Basis des Lig. lat. Abschälung der Placenta ohne Blutung. Breite Drainage aus dem Grunde des Sackes nach der Vagina. Resection des freien Fruchtsackabschnittes und Vernähung des Restes.	7. Monat. Schwach athmend. Encephalocele und pes valgus. 785 Gr.	Intraligamentöse Tubenschwangerschaft.

	Ausgang.	Operation.	Frucht.	Bemerkungen.
5	**Lange,** Berl. klin. Wochenschrift 1885 Nr. 29. Operateur: **Hildebrand.**	Gestorben nach 17 Stunden.	Fruchtsack in die Bauchwunde eingenäht. Placenta vom Schnitt nicht getroffen, im unteren Theil des Fruchtsackes.	2200 Gr. Tief asphyctisch. Nicht wiederbelebt.	Autopsie ergab eitrige Peritonitis.
6	**Lange,** Berl. klin. Wochenschrift 1885 Nr. 29. Operateur: **Hildebrand.**	Gestorben am 10. Tage.	Placenta in der Tiefe des kleinen Beckens adhärent. Kein Darmvorfall. Antiseptischer Verband. (Nähere Angaben über den topographischen Befund und das angewandte Verfahren fehlen.)	Reif. In Steisslage. Gesund entlassen.	Erscheinungen allgemeiner Peritonitis vor der Operation. Bei geringem Fieber wird die Wunde missfarbig und das Secret der Eihöhle übelriechend. Fortschreitender Verfall. Autopsie: Allgemein eitrige Peritonitis. Placenta noch ungelöst.
7	**Wilson,** Americ. Journ. of obstetr. etc. 1880 Oct.	Gestorben 90 Stunden nach der Operation. An Embolie?	Fruchtsack mit der Bauchwand verwachsen. Placenta unberührt gelassen.	Nahezu reifer Zwilling, lebte noch nach 3 Monaten.	Operation 25 Tage nach der etwas vorzeitigen Geburt der intrauterinen Frucht. In den ersten Tagen Schwäche bei geringem Fieber. Am 3. Tage Collaps. Jauchung aus dem Fruchtsacke. Nach Versuch, die Placenta zu entfernen, starke Blutung. Tamponade des Fruchtsackes.
8	**Stadtfeldt,** Hospitals-Tidende 1886.	Gestorben 38 Stunden nach der Operation nach mehrmaligem heftigem Erbrechen im Collaps.	Fruchtsack vorn breit angewachsen. Wand 1 bis 1½ Mm. dick. Frucht am Kopfe entwickelt. Keine Blutung. Placenta im Becken. Der breit eingerissene und zum Theil äusserst dünnwandige Fruchtsack von der Bauchwand in der Umgebung der Bauchwunde abpräparirt und versenkt. Drainage der Bauchhöhle mit Jodoformgazestreifen nach der Bauchwunde hin.	2500 Gr. 17¾ Zoll ohne Zeichen der Unreife. Asphyctisch. Schiefheit des Kopfes. Subluxation der linken Hand- und der Fussgelenke. Nach 3 Monaten die Formanomalien fast beseitigt. Gewicht 3090 Gr.	Section. Reichlicher bräunlicher Erguss in der Bauchhöhle. Interstitielle Tubenschwangerschaft. Fruchtsack theilweise an der Bauchwand adhärent. Nach einer Seite und von einer dünnen Membran gebildet und hier breit eingerissen. Durch den Riss Darmschlingen in den Fruchtsack eingetreten.

II.

40 Fälle von Laparotomie bei vorgeschrittener Extrauterin-schwangerschaft nach dem Absterben der Frucht mit conservativer Behandlung des Fruchtsackes, 1880—86.

		Dauer der Tragzeit nach dem Tode der Frucht.	Ausgang.	Operation.	Frucht.	Bemerkungen.
1	**Braxton Hicks,** Transact. of the obst.soc. London. Bd.12 S.141.	Kurze Zeit.	Gestorben im Collaps bald nach der Operation.	Fruchtsack adhärent. Der Schnitt traf die an der vorderen Wand sitzende Placenta. Reichlicher Erguss angeblich schon vorher zwischen Placenta und Haftstelle ergossenen Blutes.	6—7 Monat.	Gestielte Tubenschwangerschaft.
2	**Pallen,** Americ. Journ. of obst. etc. 1880.	Kurze Zeit.	Gestorben 15 Stunden nach der Operation.	Tief ins Becken ragender Fruchtsack. Starke Blutung aus den Schnitträndern. Bei Herausnahme der Frucht Ablösung der Placenta und profuse Blutung, durch Application von Liquor ferri sesquichl. auf die Placentarstelle gestillt.	6 Monat.	Mit Retroflexio partialis verwechselt. Die Operation als Sectio caesarea unternommen.
3	**Galabin,** Transact. of the obst. soc. London 1881 p. 141.	Kurze Zeit.	Gestorben am 4. Tage. Keine Autopsie.	Laparotomie nach constatirter intraperitonealer Blutung. Fruchtsack zu dünnwandig, um in die Bauchwunde eingenäht werden zu können. Placenta am Uterus und Lig. lat. ansitzend, nicht berührt. Glasdrain im unteren Wundwinkel.	Frisch todt 14½ Zoll 1½ Pfund.	Anhaltende Blutung aus dem Drainrohr. Abundant nach der am 2. Tage erfolgten Geburt eines 2¾ Pfund schweren Knabens.
4	**Braithwaite,** Lancet 1885 S. 7.	Kurze Zeit.	Genesen.	Sack an der vorderen Bauchwand flächenhaft adhärent. Placenta in der Tiefe gelegen. Sackwand dick. Glasdrain im unteren Wundwinkel.	Reif.	Während der nächsten 3 Wochen vollständige Elimination der Placenta mit Hülfe von vorsichtigen Tractionen, die von Blutung begleitet waren. Nach vollendeter Ausstossung der Placenta rasche Heilung. Diagnose: Intraligamentöse Tubenschwangerschaft.

		Dauer der Tragzeit nach dem Tode der Frucht.	Ausgang.	Operation.	Frucht.	Bemerkungen.
5	**Landau,** Arch. f. Gyn. Bd. 16 S. 436.	7 Tage.	Gestorben am 38. Tage an Pleuritis. (Metastatische?)	Einnähung des nicht verwachsenen Fruchtsackes in die Bauchwunde. Placenta an der hinteren Wand im Becken.	Reif.	Elimination der Placenta unter mehrfach wiederholter profuser Blutung, zuletzt Jauchung. Angeblich Eierstocksschwangerschaft (?)
6	**Möricke** [1], Zeitschr. f. Geb. u. Gyn. Bd. 7 S. 226.	Reichlich eine Woche.	Genesen.	Placentarstelle bei der Incision getroffen. Heftige Blutungen. Vielfache Umstechungen. Drainrohr nach der Scheide. Permanente Irrigation eingeleitet.	Macerirt. Reif.	Elimination der Placenta in den folgenden 8—10 Tagen.
7	**Gusserow,** Charité-Annalen Bd. 7.	16 Tage.	Gestorben am 2. Tage. Peritonitis purulenta.	Intraligamentöser Fruchtsack. Nach oben und vorn keine Verwachsungen. Placenta bei der Incision getroffen. Starke Blutung. Vernähung mit der Bauchwunde. Tamponade mit Salicylwatte.	Reif. Mässig macerirt.	
8	**Wasseige,** Bullet. de l'acad. de méd. de Belgique 1885.	Mindestens einige Wochen.	Gestorben am 19. Tage in Folge einer gleichzeitig nach aussen und in die Bauchhöhle erfolgten Blutung.	Fruchtsack mit der Bauchwand breit verwachsen. Entleerung stinkender brauner Flüssigkeit mit Gasen. Fötus aus Querlage extrahirt. Demselben folgen noch 3 Liter Flüssigkeit. Placenta auf dem Fundus uteri angeblich durch Contraction der Unterlage zu ³/₄ abgehoben. Dieser Theil entfernt. Mit dem Fruchtsack communicirendes Dermoidkystom gefunden.	Reif. Hochgradig faul.	In der letzten Zeit vor der Operation rapide Zunahme des Fruchtsackes durch Flüssigkeitserguss. 2 Tage vor der Laparotomie durch Punction 2 Liter serös-blutige Flüssigkeit entleert. Darnach Tympanie des Fruchtsackes. Anfangs nach der Laparotomie starke Jauchung, später Entleerung eines mit dem Fruchtsack communicirenden Abscesses (vereiterte Dermoidcyste) durch die Punctionsstelle. Am 13. Tage Losstossung des letzten zweifaustgrossen Placentarrestes, Am 17. Tage der Rest des Fruchtsackes (?) durch Zug leicht entfernt. Autopsie: Hämorrhagie in der Bauchhöhle. Weitere Angaben fehlen.

[1] Die Kenntniss der näheren Umstände und des Ausganges dieses Falles verdanke ich der freundlichen Mittheilung des Herrn Collegen Hofmeier.

		Dauer der Tragzeit nach dem Tode der Frucht.	Ausgang.	Operation.	Frucht.	Bemerkungen.
9	Küster, Chirurgisches Triennium. Cassel und Berlin 1882.	Circa 2—3 Wochen.	Gestorben am 5. Tage unter Erscheinungen von Tetanus.	Totale Verwachsung des Sackes mit der vorderen Bauchwand. Innenfläche missfarbig. Placenta entfernt (mit oder ohne Blutung?)	Faul.	Autopsie: Allgemeine Verwachsung der Därme unter einander und mit dem Sacke. Zwischen diesem und vorderer Bauchwand kleiner Eiterherd, sonst kein freies Exsudat. Im rechten Pleurasack hellrothes Exsudat in geringer Menge.
10	Rutledge, Amer. Journ. of obst. etc. 1885 Nov.	1 Monat.	Genesen.	Fruchtsack in der ganzen Länge der Incision adhärent. Entleerung von blutigem Fruchtwasser. Placenta in der rechten Seite, nicht getroffen, zurückgelassen. Glasdrain im unteren Wundwinkel.	8½ Pfund. Oberhaut theilweise abgelöst.	Vom 10. Tage an beginnende Lösung der Placenta. Nach Dilatation der stark verengten Wunde nach und nach einzelne Stücke der faulenden Placenta entfernt. Vom 29. Tage an wiederholt erschöpfende Blutungen. Am 34. Tage der Rest der Placenta abgegangen. Aufhören der Blutungen. Noch in der folgenden Zeit septicämische Erscheinungen, Decubitus, Blasencatarrh. Wunde nach 4 bis 5 Monaten zum Schluss gelangt. Hernia abdominalis.
11	Rosenthal, Charité-Annalen Bd. 9. Berlin 1884. Operateur: Gusserow.	Circa 4 Wochen.	Genesen.	Dünnwandiger Fruchtsack. Vorn nicht verwachsen. Vor der Eröffnung eingenäht. Reichliche Entleerung von Jauche bei der Incision. Placenta links hinten nicht berührt. Keine erhebliche Blutung. Tamponade mit Carbolgaze. Drainrohr in die Bauchwunde.	51 Ctm. 2670 Gr.	Häufiger Verbandwechsel mit nachfolgender Ausspülung. Allmälige Vorstülpung der Plac. zwischen die Wundränder. In der ersten Zeit peritonitische Erscheinungen. Am 10. und 11. Tage warmes Vollbad. Am 12. Tage heftige Blutung. Tamponade mit styptischer Watte. Am 22. Tage letzter Rest der gelösten Placenta entfernt.
12	Fränkel, Arch. f. Gyn. Bd. 16 S. 299.	33 Tage.	Gestorben am 5. Tage. Septicämie.	Putrider Inhalt des Fruchtsackes. Dieser nicht verwachsen, in die Bauchwunde eingenäht. Einrichtung permanenter Drainage.	Reif, faul.	Die Placenta war völlig zerfallen. Intraligamentöse Schwangerschaft.

		Dauer der Tragzeit nach dem Tode der Frucht.	Ausgang.	Operation.	Frucht.	Bemerkungen.
13	Braithwaite, Lancet 1885 S. 7.	1—2 Monate.	Genesen.	Bei der Incision Verletzung der Placenta ohne Blutung, ⊢Schnitt. Frucht an den Füssen extrahirt. Glasdrain in den einen Winkel des transversalen Wundschenkels. Anscheinend bei der Incision Bauchhöhle gar nicht eröffnet.	Reif.	Versuch am Ende der 2. Woche Placenta abzulösen ruft Blutung hervor. Am Ende der 6. Woche, nach Eintritt starke Eiterung, Placenta leicht abgeschält u. entfernt (blutlos?). Dabei fühlte Braithwaite die Sackwände fest und derb.
14	Herff, The New Orl. med. and surg. Journ. 1880 August. Refer. Centralbl. f. Gyn. 1881 S. 68.	Circa 2 Monate.	Genesen.	Fruchtsack an der vorderen Wand sehr muskulös und dick, nach der Incision mit der Bauchwunde vernäht. Drainage durch die letztere.	6 Pfund schwer, nicht stark macerirt.	Placenta hinten unten inserirt. Am 12. Tage, da sie aus der Wunde hervordrängte, (blutlos?) entfernt. In der ersten Zeit starke Jauchung. Nach embolischer Pneumonie langsame Reconvalescenz.
	Goodell, Americ. Journ. of obst. etc. 1882 suppl. S. 97.	1—2 Monate.	Gestorben am 12. Tage nach Ausbruch von eclamptischen Convulsionen im Coma.	Vernähung des wasserleeren Fruchtsackes mit der Bauchwunde. Placenta im unteren Abschnitte des Sackes, 3/4 der Innenfläche einnehmend, ohne Blutung abgeschält. Glasdrain in dem unteren Winkel.	6—7 Monat. Macerirt.	Autopsie ergab: Morbus Brightii, vollständige (?) Obliteration des Sackes.
16	Heineken, Diss. inaug. Halle 1881. Operateur: Fritsch.	Mindestens 8 Wochen.	Gestorben am 3. Tage.	Kopf tief im Becken. Ausfluss putriden Eiters bei der Incision in geringer Menge. Bei Versuch, die Placenta zu entfernen, Blutung. Drainage nach der Vagina. Permanente Irrigation mit heissem Salicylwasser.	Reif.	Bis zum Tode anhaltend hohe Temperaturen. Angeblich Ovarialschwangerschaft. Operirt ohne antiseptische Cautelen.

		Dauer der Tragzeit nach dem Tode der Frucht.	Ausgang.	Operation.	Frucht.	Bemerkuugen.
17	Howitz, Gynäk. og obst. med-deleser. 1885.	Circa 2 Mo-nate.	Genesen.	Zweizeitige Operation. Beim ersten Bauchschnitt nur bandförmige Adhäsionen gefunden. 8 Tage später nach erfolgter Ver-klebungIncision. Zur Sicherheit vorher noch 6 Silbersutu-reu. Entleerung von Gasen u. Eiter. Aus-spülung mit Bor-wasser. Frucht am Fusse leicht extra-hirt. Einzelne Stücke der Placenta und Ei-häute fortgenom-men. Fruchtsack mit 10% Chlorzinklö-sung ausgepinselt. Ausfüllung mit Sali-cylwatte. Drainage durch die Bauch-wunde.	50 Ctm. 4¼ Pfund. Reif.	Nach der Laparo-tomie Vereiterung eines dem Frucht-sack anliegenden Dermoidkystom mit Entleerung von Knochenstücken u. Haaren aus derHöhle des Fruchtsackes. Schleimig-eitrige Stühle. Abgang von Darmgasen durch die Bauchwunde. 16 Wochen nach der Operation entlassen. Auch in der Folge-zeit noch mehrmals Ausstossung von Knochenstückchen.
18	Carter, Transact. of the obst. soc. London XXII p. 160.	Einige Monate.	Genesen.	Zuerst mit dem Fruchtsack com-municirender Ab-scess derBauchwand eröffnet. 25 Tage später Laparotomie. Fruchtsack nur theilweise adhärent eingenäht. Placenta zurückgelassen.	Circa 8 Monat. Stark zer-setzt.	Am 11.Tage Abgaug von Eiter per vagi-nam. Oefters Secret-verhaltung. Sehr langsame Reconva-lescenz.
19	Lorentzen, Hospitals-Tidende 1881. Jul. 27.	11 Wo-chen.	Genesen.	Faulige Zersetzung des Fruchtsackin-haltes. Placenta an der vorderen Wand ohne Blutung durch-trennt. Zurückge-lassen. Drainage nach der Bauch-wunde.	Ausge-tragen.	Fieberloser Verlauf. Ausscheidung der Placenta vom 5. bis 21. Tage unter Jauchung.

		Dauer der Tragzeit nach dem Tode der Frucht.	Ausgang.	Operation.	Frucht.	Bemerkungen.
20	**Vulllet,** Arch. f. Gyn. Bd. 12 S. 427.	Wahrschein lich 2—3 Monate.	Gestorben am folgendenTage unter peritonitischen Erscheinungen.	Fruchtsack bis zur Nabelhöhe reichend. Bei Incision vom hinteren Scheidengewölbe stiess man auf die Placenta. Laparotomie. Lösung der Adhäsionen, durch welche der Sack allseitig mit der Umgebung verwachsen war. Im Fruchtsack spärliche, fötid riechende Flüssigkeit. Die Incisionswunde im Fruchtsack mit der Bauchwunde nicht vereinigt (!) Drainage nach der Bauchwunde und Scheide. Placenta, deren theilweise Ablösung keineBlutung hervorrief, grösstentheils zurückgelassen.	37 Ctm.	Vor der Operation Retroflexio uteri gravidi angenommen. Repositionsversuche. Ueber dem Tumor Gefässgeräusche!
21	**Zweifel,** Berliner klinische Wochenschrift 1881 Nr. 24.	Mindestens mehrere Monate.	Genesen.	Fruchtsack nach oben nicht verwachsen.NachEntleerung von Gasen und janchiger Flüssigkeit durch kleine Oeffnung und Ausspülnng Erweiterung des Schnittes. Einnähung in die Bauchwunde. Frucht unter Eröffnung und Verkleinerung des Schädels extrahirt. Placentarstelle nicht ermittelt. Glasdrain in der Bauchwunde.	Stark zersetzt.	Fieberloser Verlauf unter reichlicher Jauchung.
22	**Macdonald,** Lancet 1884 Febr. 9.	Mindestens mehrere Monate.	Genesen.	Eine vorn auf dem Fruchtsacke angelöthete, mit dem Lumen frei communicirende Darmschlinge riss ein und musste in Ausdehnung von 6 Zoll resecirt werden. Einnähung des Fruchtsackes. Drainage von oben.	Circa 7 Monate.	In den letzten Monaten zeitweilig eitrigblutige Stühle. In den ersten Tagen nach der Operation noch Entleerung von Kothmassen aus der Incisionsöffnung.
23	**Howitz,** Gyn. og obst. meddel. Bd. 4.	2½ Monate.	Genesen.	Fruchtsack in die Bauchwunde eingenäht, dann incidirt. Hauptmasse der Placenta ohne Blutung entfernt. Drainage durch die Bauchwunde mit Leinwandstreifen.	Stark macerirt.	Am 8. Tage leichte Blutung bei Entfernung eines zurückgebliebenen Placentarcotyledo. Nach 1 Monat Wunde vollständig verheilt.

— 152 —

		Dauer der Tragzeit nach dem Tode der Frucht.	Aus-gang.	Operation.	Frucht.	Bemerkungen.
24	Thissen, Berlin. klin. Wochen-schrift 1884 Nr. 8. Operateur: Brandes-Aachen.	Circa 11 Wo-chen.	Ge-nesen.	Fruchtsack an-scheinlich total ad-härent. Unter pene-trantem Gestanke durch Incision Fötus mit schmierigen Massen entfernt.Pla-centa nicht sicher gesehen.	Nahezu reif der Trag-zeit nach.	Bereits vor der Ope-ration Communica-tion mit dem Darme. Spontaner Schluss der Kothfistel wäh-rend der Ausheilung des Sackes.
25	Hofmeier, Verhandl. der Berliner Ges. f. Geb. 10. April 85 Centralbl. f. Gyn. 1885 Nr. 19. Operateur: Schröder.	Min-destens 3 Mo-nate.	Ge-nesen[1].	Intraligamentöser Fruchtsack. Beim Versuch, die allseiti-gen Adhäsionen zu trennen, Berstung des Sackes und Ent-leerung schmutzig-bräunlicher Flüssig-keit in grosser Menge. Einnähung des Sackes. Placenta zurückgelassen.	Reif?	Ausstossung der Placenta?
26	Freund, Edinb. med. Journ. 1883.	Min-destens 3 Mo-nate.	Ge-nesen.	Sack grösstentheils frei, nur in der linken Beckenseite und im Douglas'schen Raume adhärent. Placenta oben und hinten,nicht berührt. Einnähung des Fruchtsackes. Drai-nage nach der Bauchwunde. Ein-streuung von Tannin und Salicylsäure in den Fruchtsack.	46 Ctm. 1800 Gr. ver-schrumpft.	Vom 3.Tage an regel-mässige Ausspülun-gen mit Salicyl-wasser. Am 16. Tage einige Theile der Placenta mit Aus-spülungen entfernt. Blutung bei Versuch, den Rest herauszu-nehmen. Bei weite-rer Anwendung von Salicylsäure und Tannin spontaner Abgang des geruch-losen dicken Placen-tarrestes. Am 25. Tage Wunde bei-nahe geschlossen.
27	Littlewood, Lancet 1886 April 3.	Circa 3 Mo-nate.	Ge-nesen.	Fruchtsack vorn und seitlich nicht adhä-rent. Placenta am hinteren oberen Theile des Frucht-sackes festhaftend, leichtem Zug nicht folgend, zurückge-lassen, der Frucht-sack in die Bauch-wunde eingenäht. Drainage durch die Bauchwunde.	8 Monate.	Vor der Operation kein Getässgeräusch über dem Frucht-sacke. Bald begin-nende Jauchung. Am 17. Tage der grösste Theil der faulenden Placenta ausge-stossen.

[1] Nach freundlicher Mittheilung des Herrn Collegen Hofmeier.

		Dauer der Tragzeit nach dem Tode der Frucht.	Ausgang.	Operation.	Frucht.	Bemerkungen.
28	Gottschalk, Centralbl. f. Gyn. 1885 Nr. 22. Operateur: Kaltenbach.	Circa 4 Monate.	Genesen.	Fruchtsack den Nabel 2 Finger breit überragend. An der Bauchwand adhärent. Vor Herausnahme der Frucht Entleerung grösserer Mengen alten Blutes. Placenta hinten oben links noch vollständig anhaftend. Zurückgelassen. Glasdrain in der Bauchwunde.	Macerirt. 36 Ctm. 1275 Gr.	In den ersten Tagen hohe Temperatur, beginnende Fäulniss der Placenta, durch Einführung von Salicylsäure und Tannin in den Fruchtsack coupirt. Placenta am 16. Tage durch leichten Zug vollständig herausbefördert, geruchlos.
29	Nicolini, Annal. univers. di med. et chirurg. 1882 März. Ref. Centralblatt für Gyn. 1882. Operateur: Porro.	4 Monate.	Gestorben am 28. Tage.	Befestigung der nicht zu extrahirenden Cyste an die Bauchwand. Placenta?	Reif.	Intraligamentöse Schwangerschaft. Autopsie: Eitrige Parametritis und Peritonitis.
30	Sachs, Diss. inaug. Berl. 1861 und Baumgarten, Diss. inaug. Berlin 1883. Operateur: Schröder.	5 Monate.	Genesen.	Fruchtsack mit der Bauchwand verwachsen, incidirt. Drainage nach der Vagina. Placenta zurückgelassen. Fruchtsackinhalt nicht zersetzt.	Macerirt. 53 Ctm. 2700 Gr.	Placenta u. Eihäute wurden bald unter geringer Jauchung ausgestossen. Tubenschwangerschaft angenommen. Hochliegender Fruchtsack.
31	Pervival, The obst. Journ. ot Gr. Brit. and Irel. 1880 Nov.	6 Monate.	Gestorben am 3. Tage an Erschöpfung?	Verwachsung mit der Bauchwand. Tympanie des Fruchtsackes. Extraction des Fötus nach vorausgeschickter Decapitation. Placenta faulig. Ausspülung. Drainage durch die Bauchwunde.	Reif.	Autopsie: Allseitige Verwachsung der Baucheingeweide. Adhäsion von Haaren an der Innenseite des Sackes. Communication mit dem Darme. Schwer leidender Zustand vor der Operation.
32	Meadows, Transactions of the obstr. soc. London 1883 S. 232.	Circa 8 Monate.	Genesen.	Fruchtsack in die Bauchwunde eingenäht. Der eitrige Inhalt ausgespült.	Circa 7 Monate.	Regelmässige Ausspülung bis zu vollendeter Heilung. Kurze Mittheilung.
33	Negri, Annal. di obstetr. 1885. Ref. Centralbl. f. Gyn. 1885 Nr. 31.	8 Monate.	Genesen.	Feste Verwachsung des Fruchtsackes mit der vorderen Bauchwand. Die Frucht am Sacke adhärirend. Ausgelöst. Placenta zurückgelassen. Bauchwunde vollständig geschlossen.	7 Monate. 32 Ctm. 1100 Gr., mumificirt.	Patientin verliess am 13. Tage das Bett. Vor der Entlassung fühlte man rechts in der Bauchhöhle einen über apfelgrossen, beweglichen, völlig schmerzlosen Körper (Placenta). Späteres Befinden?

		Dauer der Tragzeit nach dem Tode der Frucht.	Ausgang.	Operation.	Frucht.	Bemerkungen.
34	Dunnett Spanton. Brit. med. Journ. 1884 S. 53.	Circa 13 Monate.	Genesen.	Entleerung putrider Flüssigkeit bei der Incision. Einnähung in die Bauchwunde. Drainage des Fruchtsackes und der Bauchhöhle nach oben.	Macerirt. Reif.	
35	Lucas Championnière, Arch. de Tocol. 1884 S. 162.	15 Monate.	Genesen.	Im Fruchtsack gegen 6 Liter Eiter.	?	Guter Verlauf.
36	Lucas Championnière, Arch. de Tocol. 1884 S. 162.	26 Monate.	Genesen.	Verwachsung zwischen der gesammten Fruchtoberfläche und dem Fruchtsacke. Stückweise Entfernung des Fötus unter Zurücklassung einiger Hautfetzen.	?	Kurze Mittheilung.
37	Breisky, Wiener med. Wochenschrift 1885 Nr. 50 u. 51.	8 Jahre.	Gestorben am 3. Tage.	Nur umschriebene Adhäsionen zwischen Sack und Netz. Mesenterium. Bauchwand. Sack eingenäht. Bei der Eröffnung stinkende Gase und die Knochen des Fötus entleert.	Den Skelettheilen nach zu urtheilen ausgetragen. An diesen nur geringe Reste von Weichtheilen, zum Theil kalkig infiltrirt, vorhanden.	Bis zum Tode fortschreitender Collaps. Autopsie. Umschriebener Jaucheherd auf der linken Darmbeinschaufel. Fistulöse Verbindung mit der Harnblase. Linke Tube offen in den Sack mündend. Das Ovarium an diesem unverändert.
38	Lawson Tait, Lancet 1880 Sept. S. 456.	?	Genesen.	Einnähung des intraligamentösen Fruchtsackes.	Abgestorben.	Stückweiser Abgang der Placenta in den nächsten 3 Wochen. (Unter welchen Erscheinungen?) Langsame Obliteration der Höhle. Entlassen am 57. Tage nach der Operation.
39	Cattani, Annal. univers. di med. e. chir. 1884. Ref. Centralblatt f. Gyn. 1884 Nr. 42. Operateur: Porro.	?	Genesen.	Fruchtsack fest mit der vorderen Bauchwand verwachsen. Placenta im oberen Theil des Sackes zurückgelassen. Drainage durch die Bauchwunde.	2655 Gr.	Heilung in 8 Wochen bei mässigem Fieber und anfangs starken Collapserscheinungen. Allmälige Abstossung der Placenta in kleinen Stücken.
40	Brendel, Centralbl. f. Gyn. 1883 Nr. 41.	?	Genesen.	Incision der oberen sich diaphragmaartig hinter dem Uterus ausspannenden Fruchtsackwand. Placenta fast ganz abgelöst, bröcklig, geruchlos. Fruchtsack nicht mit der Bauchwunde vereinigt. Drainage durch die Bauchwunde und Scheide.	Macerirt. Ohne Fäulniss. Fast ausgetragen.	Starke Jauchung aus dem Fruchtsacke. Zum Oefteren Secretverhaltung. Mehrmonatliches, zum Theil sehr hohes Fieber mit schweren Allgemeinerscheinungen.

III.

11 Fälle von Laparotomie mit vollständiger Entfernung des Fruchtsackes in den späteren Monaten der Extrauterinschwangerschaft ausgeführt.

	Dauer der Tragzeit seit dem Frucht-tode.	Aus-gang.	Operation.	Frucht.	Bemerkungen.
1	**Kirkley,** Amer. Journ. of obst. etc. 1885 Febr.	Kurze Zeit.	Ge-stor-ben 4 Stun-den nach der Ope-ration.	Frucht frei in der Bauchhöhle. Am Kopfe Verwachsun-gen mit Netz und Darm. Placenta von einer zarten Mem-bran umschlossen. Berstung derselben unter colossaler Blu-tung. Nach Entfer-nung der Placenta durch Anlegung einer Massenligatur unter ihrer Basis am rechten Lig. lat. die Blutung gestillt.	?	Den über den Ope-rationsverlauf ge-machten Angaben glaube ich entneh-men zu können, dass alles, was überhaupt von Fruchtsack vor-handen war, bei der Operation entfernt ist.
2	**Knowsley Thornton,** Transact. of the obs. soc. London XXIV.	Circa 2 Mo-nate.	Ge-nesen.	Fleischiger Sack in breiter Verbindung mit dem Fundus und rechten Uterus-winkel. Zahlreiche Adhäsionen mit Bauchwand und Darm. Bei deren Lösung Berstung des Sackes, welcher in toto entfernt wird, zum Theil durch Enucleation, unter Anlegung von Um-stechungen und Li-gaturen.	5—6 Monate.	—
3	**Martin,** Zeitschr. f. Gyn. u. Geb. Bd. 11 S. 416.	Mehrere Monate.	Ge-nesen.	Intraligamentöser Fruchtsack, aus dem Lig. lat. ausgeschält und mit dem rechten Uterushorn abgetra-gen. Vernähung der Wunde. Drainage nach der Vagina.	Circa 7 Mo-nate. 33 Ctm. lang. Stark comprimirt und in ex-tremer Flexions-haltung.	Interstitielle Tuben-schwangerschaft mit Einschiebung des Fruchtsackes in das Lig. lat. an-genommen.
4	**Muratow,** Centralbl. f. Gyn. 1886 Nr. 7.	Min-destens mehrere Monate.	Ge-nesen.	Fruchtsack beweg-lich. Ueber dem Becken gelegen. Nur bandförmige Adhä-sionen. Breiter, vom Lig. lat. gebildeter Stiel, vor Absetzung des Fruchtsackes in 9 Partien unterbun-den. Vor Heraus-nahme des Frucht-sackes Punction, Entleerung von we-nig sehr übelriechen-der Flüssigkeit.	7 Monate. 35 Ctm. Macerirt.	Diagnose: Tuben-schwangerschaft. Nach der Operation Entwicklung eines grossen Beckenab-scesses. Incision von der Scheide aus. — Perforation nach der Harnblase. Schliess-lich vollständige Heilung.

	Dauer der Tragzeit seit dem Fruchttode.	Ausgang.	Operation.	Frucht.	Bemerkungen.
5	**Dönitz,** Berl. klin. Wochenschrift 1883 Nr. 25.	5 Monate.	Genesen.	Netzadhäsionen. Hinten strangförmige Verbindung mit der Nierengegend. Bei der Ablösung Einriss des Fruchtsackes. Erguss einer schmierigen, mit Haaren vermischten Masse in die Bauchhöhle. Spaltung des Sackes. Entfernung der Frucht und darauf des Fruchtsackes nach Umstechung des denselben tragenden Lig. lat. Ausspülung der Bauchhöhle mit Carbolwasser. Drainage nach dem unteren Wundwinkel.	7 Monate. Kopf und Thorax skelettirt.	Tubenschwangerschaft. Glatter Verlauf.
6	**Sutugin,** Centralbl. f. Gyn. 1884 Nr. 34.	8 Monate.	Genesen.	Fruchtsack allseitig verwachsen; unter mässiger Blutung ausgelöst. Breite Spaltung des Sackes und Entfernung der Frucht, dann auch des Fruchtsackes nach Umstechung des Lig. lat., an welchem er noch befestigt war. Drainage nach der Bauchwunde und Scheide.	Leicht macerirt. 43 Ctm. 1550 Gr.	Verlauf fast fieberfrei. Während der ersten 3 Tage reichliche, dann spärliche, blutigseröse Absonderung aus dem Drainrohr. Letzteres am 11. Tage entfernt. Wahrscheinlich gestielte Tubenschwangerschaft.
7	**Litzmann,** Arch. f. Gyn. Bd. 18 S. 1.	9 Monate.	Genesen.	Lockere Verklebung des unteren, die Placenta enthaltenden Fruchtsackabschnittes mit der vorderen Bauchwand. Fruchtsack über dem Fötus nur von einer durchscheinenden, an diesem grösstentheils adhärirenden Membran gebildet. Stielartige Verbindung des Fruchtsackes mit dem Lig. lat. Absetzung des Sackes durch Unterbindung des letzteren.	Ausgetragen, aseptisch conservirt, mit den Hüllen grösstentheils verwachsen.	Reconvalescenz durch Entwicklung eines Bauchdeckenabscesses etwas verzögert.

		Dauer der Tragzeit seit dem Fruchttode.	Aus-gang.	Operation.	Frucht.	Bemerkungen.
8	Schröder, Centralbl. f. Gyn. 1884 Nr. 26.	Circa 2¼ Jahre.	Gestorben an bereits vor der Operation bestehendem Ileus.	Spaltung der Bauchdecken mit Kreuzschnitt. Die in der Bauchhöhle frei liegende Frucht und darauf die von einer Kapsel umschlossene Placenta entfernt. Der die Placenta umschliessende Fruchtsackrest am Lig. lat. inserirt.	Mit dem Netz verwachsen. Von einer dünnen Umhüllungshaut umgeben, sonst ohne weitere Verbindungen frei in der Bauchhöhle liegend.	Gestielte Tubenschwangerschaft.
9	Weiponer und Zillner, Arch. f. Gyn. Bd. 19 S. 241. Operateur: Billroth.	2½ Jahre.	Genesen.	Durch Punction 2550 Ctm. braungelber Flüssigkeit entleert. Geschwulst allenthalben mit der Umgebung verwachsen. Nach Lösung der Verwachsungen strangförmiger, vom Lig. lat. gebildeter Stiel unterbunden und versenkt.	44 Ctm. 1765 Gr. Zum Theil unter Blosslegung von Skelettheilen, namentlich der Schädelknochen, stark arrodirt.	Durch Entwicklung von Bauchdeckenabscessen etwas verzögerte, übrigens gute Reconvalescenz.
10	Beaucamp, Zeitschr. für Geb. u. Gyn. Bd. 10. Operateur: Schröder.	?	Gestorben am nächsten Tage.	Fruchtsack vorn verwachsen, dickwandig. Nach Entfernung der Frucht und schmutzig graugelber Flüssigkeit in grosser Menge der Sack aus seinen zahlreichen Adhäsionen mit Darm, Netz etc. ausgelöst, nach Unterbindung des Stieles abgetragen.	Reif.	Nach der Operation Collaps, dann Steigerung der Temperatur bis zu Ende. Diagnose: Graviditas tubo-ovarialis.
11	Hofmeier, Ges. f. Geb. u. Gyn. Berlin. Sitzung 22. Oct. 1886. Centralbl. f. Gyn. 1886 Nr. 49.	?	Gestorben an Peritonitis am nächsten Tage.	Tympanie des Fruchtsackes. Dieser allseitig verwachsen, wurde vollständig ausgeschält und vom rechten Lig. lat. abgesetzt. Behufs „Vereinfachung der Wundverhältnisse" Uteruskörper supravaginal amputirt.	Reif.	Diagnose: Graviditas tubo-ovarialis.

IV.

2 Fälle von nicht vollendeter Totalexstirpation des Fruchtsackes bei abgestorbenen, bis zur 30. Woche resp. voller Reife entwickelten Früchten.

	Dauer der Tragzeit seit dem Fruchttode.	Ausgang.	Operation.	Frucht.	Bemerkungen.
1	**Marchner,** Centralbl. f. Gyn. 1886 Nr. 17. Operateur: **Leopold.**	Circa 3 Monate.	Gestorben am 2. Tage nach der Operation.	Fruchtsack mit der vorderen Bauchwand und angrenzenden Organen fest verlöthet. ³⁄₄ Liter dunkelbrauner Flüssigkeit durch Punction entleert. Frucht in Querlage. Die versuchte Totalexstirpation wegen Collaps nicht vollendet. Der Grund des Sackes mit der Placenta dem Uterus dicht ansitzend. Der emporgedrängte Uterus mit anhaftendem Placentargewebe mit dem parietalen Bauchfell vernäht, oberhalb resecirt. Bei Abschälung eines Placentarstückes aus dem eingenähten Theile starke Blutung u. Zerreissung der eingenähten Sackwand mit Eindringen von schmieriger Flüssigkeit und Placentarbröckeln in die Bauchhöhle.	Circa 30 Wochen.	Autopsie: Eitrige Peritonitis. Diagnose: Interstitielle Tubenschwangerschaft wahrscheinlich mit Einschiebung des Fruchtsackes in das Lig. lat.
2	**Goodell,** Amer. Journ. of obst. etc. Vol. XXIV 1881 S. 128.	18 Monate.	Gestorben am 7. Tage. Nach bis dahin gutem Befinden unter Erscheinungen von Embolie.	Tympanie des vollkommen adhärenten Fruchtsackes. Bei der Incision Gase und eitriger Inhalt entleert. Spuren der Placenta nicht zu finden. Versuch unter Lösung der Adhäsionen den Fruchtsack herauszubringen. Starke Blutung bei Resection eines handtellergrossen Stückes. Bauchhöhle dabei eröffnet. Einnähung des Restes in die Bauchwunde. Drainage nach oben.	Reif. Stark faulig. Die Scheitelbeine blossgelegt.	Keine Autopsie.

nehmende Besserung der Resultate mit wachsender Entfernung des Eingriffes vom Zeitpunkte des Fruchttodes.

Ob jemals von der Gesammtheit der Operateure erheblich bessere Resultate zu erwarten sind, halte ich schon in Anbetracht der insidiösen Natur des Operationsobjectes für zweifelhaft, während im Einzelnen auch für dieses Gebiet erhebliche Fortschritte in der Lebenserhaltung zu erhoffen sind.

Bemerkenswerth ist ferner die rapide Zunahme der Operationsfrequenz, die sich aus der Reichhaltigkeit meiner nur sechs Jahre umfassenden Liste, verglichen mit älteren Zusammenstellungen, ergiebt. Sodann verdient Beachtung die bereits grosse Zahl von Radicaloperationen, 11 gegenüber 40 Fällen von conservativer Behandlung des Fruchtsackes, wozu noch 2 Fälle von versuchter, aber unvollendeter Totalexstirpation kommen. Das Resultat, 4 Todes- zu 7 Genesungsfällen $= 36\,\%$, deckt sich nahezu mit dem bei der conservativen Methode erreichten $14 : 26 = 35\,\%$, stellt sich aber erheblich ungünstiger, wenn wir für beide Arten nur die nach Ablauf der ersten zwei Monate operirten Fälle berücksichtigen, dann erhalten wir für die conservative Operation 4 Todte zu 18 Genesungen $= 18,1\,\%$, für die radicale dagegen $3 : 6 = 33,3\,\%$.

Die der Rechnung zu Grunde gelegten Zahlen sind, wie ich gerne zugestehe, viel zu klein, um daraus absolute Schlüsse ableiten zu können, gleichwohl müssen sie Bedenken erregen. Vielleicht ist bei der Wahl des radicalen Verfahrens nicht immer auf die im gegebenen Falle vorliegenden anatomisch-mechanischen Verhältnisse genügend Rücksicht genommen, von denen doch die Entscheidung für die eine oder andere Methode ganz wesentlich abhängen muss. Die vollständige Entfernung eines im Ligamentum latum steckenden Fruchtsackes mit nahezu oder völlig ausgereifter Frucht, zwar für einen Operateur von Gottes Gnaden kein Ding der Unmöglichkeit, muss nothwendig höchst complicirte Wundverhältnisse schaffen. Herrschte dazu noch ein septischer Zustand im Fruchtsacke, so ist das Schicksal der Operirten wohl sicher besiegelt. In einigen Fällen von Radicaloperation hat man sich schliesslich gezwungen gesehen, auch noch den Uteruskörper mit fortzunehmen, eine, wie ich glaube, weitere, höchst unheilvolle Steigerung der Verwundung. Dies war der Fall bei der von Hofmeier mitgetheilten Operation (Nr. 11 der Liste III). Ferner in einem von Waitz operirten Falle, über welchen im Hamburger ärztlichen Vereine 1883 kurz berichtet worden ist. Das

Präparat hat mir durch die Güte des Herrn Collegen Waitz und freundliche Vermittlung des Herrn Collegen E. Fränkel zur Untersuchung vorgelegen. Von dem klinischen Theile des Falles mir nähere Kenntniss zu verschaffen, habe ich leider versäumt. Der eine Reihe von Jahren getragene Fruchtsack war sicher intraligamentös, mit der Frucht in grosser Ausdehnung fest verwachsen; hier drängten die Umstände von selbst zu einem radicalen Vorgehen. Die Patientin starb bald nach der Operation.

Ein dritter Fall von Exstirpation des Fruchtsackes und zugleich des Uteruskörpers von Turner (New-York med. Journ. 1886, August, kurz referirt im Centralbl. f. Gyn. 1886 Nr. 49) endete gleichfalls tödtlich. In den beiden letzterwähnten Fällen war der Uterusstumpf extraperitoneal befestigt worden.

Fälle von intraligamentöser Schwangerschaft, die an der oberen Grenze der mittleren Schwangerschaftsperiode stehen, können dagegen noch Verhältnisse darbieten, welche eine Radicaloperation rechtfertigen und auch nicht allzu schwer gelingen lassen. Einen derartigen Befund ergab die oben referirte Nachuntersuchung des früher von Pletzer beschriebenen Präparates. Hier war das Ligamentum latum zwar bis zum Uterus hin entfaltet, von diesem selbst aber das Peritoneum noch nicht abgehoben, vor Allem aber die Basis des breiten Bandes noch so wenig weit nach abwärts überschritten, dass wahrscheinlich noch unter dem Fruchtsacke Umstechungen sich hätten anbringen lassen. Uebrigens war in diesem Falle die Wand des Sackes über dem Fötus so stark verdünnt und zugleich mit diesem so fest verwachsen, dass sie bei Entfernung des letzteren gar nicht unverletzt hätte bleiben können.

Auch in hoher Lage und Vorhandensein einer stielartigen Verbindung des Fruchtsackes mit dem übrigen Sexualapparate kann ich eine unbedingte Anzeige zur Radicaloperation nicht anerkennen; eine Gegenanzeige erblicke ich jedenfalls in nachweisbarer Eiterung oder Jauchung innerhalb des Fruchtsackes, weil unter diesen Umständen die Gefahr einer Infection des Bauchfelles allzu nahe liegt. Dabei sind derartige Fälle, wenn man sie conservativ behandelt, in prognostischer Beziehung noch gar nicht so übel. In 16 meiner 40 mit Incision behandelten Fälle bestanden derartige Processe im Fruchtsacke zum Theil mit Tympanites desselben. Davon starben 6 = 37 % Mortalität. In 10 Fällen betrug der Zeitraum zwischen Fruchttod und Operation mehr als 2 Monat; von diesen starben 3 = 30 %.

Wie bei gestieltem Fruchtsack die Totalexstirpation, so bezeichnet für die intraligamentöse Schwangerschaft die Resection der prominirenden Fruchtsackabschnitte nach Martin einen entschiedenen Fortschritt in der Methode. Die Gegenanzeigen sind dieselben wie die oben für die Radicaloperation aufgestellten.

Muss bei conservativem Verfahren die Placenta zurückgelassen werden, so ist das von Freund zuerst eingeschlagene Verfahren einer aseptisch conservirenden Behandlung der Placenta unumgänglich. Die Umwandlungen, welche das Salicylsäuretanningemisch an dem todten Gewebe hervorruft, scheinen dessen Abstossung eher zurückzuhalten als zu beschleunigen. Schon deshalb würde ich es gegebenen Falles mit einer anderen Substanz versuchen, die mir zur aseptischen Conservirung extraperitoneal behandelter Uterusstümpfe wiederholt gute Dienste leistete. (S. auch Arch. f. Gyn. Bd. 18 S. 304 und 305), dem Natrum benzoicum. Dieses Salz durchdringt abgestorbene Gewebsmassen sehr schnell, schützt diese sicher gegen Fäulniss und Verschimmeln und giebt ihnen zugleich eine sehr weiche Consistenz.

Noch einiger anatomischer Besonderheiten, auf die ich bei Durchsicht meiner Zusammenstellung, wie auch sonst hier und da in der Casuistik gestossen bin, soll hier Erwähnung geschehen, weil sie in operativer Beziehung Bedeutung erlangen können.

Die Wand des Fruchtsackes kann in den oberen Partien so geringe Dicke und Festigkeit besitzen, dass die Einnähung in die Bauchwunde daran scheitert. Gleichfalls kann für die conservative Methode eine — wie mehrere Operationsfälle allerdings lehren nicht immer unüberwindbare — Schwierigkeit entstehen aus fester Adhärenz der Frucht an der Wand des Sackes. Nicht selten treffen diese beiden Befunde zusammen.

Mehr in diagnostischer als therapeutischer Hinsicht bemerkenswerth ist das, wie es scheint, nicht so sehr seltene Auftreten einer erheblichen Transsudation in den Fruchtsack kürzere oder längere Zeit, nachdem die Frucht abgestorben: ausgedehnte Venenthrombose in der Wand des ersteren mag dieser Erscheinung zu Grunde liegen. Sie als Hydramnios zu bezeichnen (Teuffel Arch. f. Gyn. Bd. 20, Depaul, Arch. de Tovol. vol I.) geht wohl kaum an.

Schliesslich mag noch erwähnt werden, dass in zwei Fällen meiner Zusammenstellung (8 und 17 der Liste II) neben dem Fruchtsacke sich ein Dermoidkystom vorfand, das in beiden Fällen vereiterte und nach dem Fruchtsacke durchbrach. Auf dieselbe Complication bin ich noch sonst einige Male bei Durchsicht der Litteratur gestossen. Ausserdem fand ich in dem oben erwähnten Hamburger Präparate ein multiloculäres papilläres Kystom mit stark abgeplatteten Alveolen intraligamentös zwischen Bauchfell und Fruchtsack eingeschoben. Die näheren Beziehungen dieser Neubildung zum Fruchtsacke liessen sich an dem bei der Operation stark lädirten Präparate nicht mehr aufhellen.

———×———

Erklärung der Abbildungen.

Figur 1. **Abtheilung II. Fall 1.** Querschnitt durch den Isthmus der schwangeren Tube aus der Nähe des Fruchtsackes.

A Muscularis.

B Mucosa durch kleinzellige Infiltration sehr verbreitert.

C D E Falten derselben, an den seitlichen Berührungsflächen breit verschmolzen, zwischen C und D unter Ueberbrückung des in der Tiefe noch restirenden Lumen. Die Falten in den tieferen Abschnitten mit neugebildeten, von Tubenepithel ausgekleideten Gängen durchsetzt.

Figur 2. **Abtheilung II. Fall 2.**

A Muscularis.

B bindegewebige innere Grenzschicht des Fruchtsackes.

C seitlicher Theil der Eihaftstelle.

D Canalisirung der inneren Schicht des Fruchtsackes neben der Eihaftstelle. Sämmtliche Hohlräume mit Tubenepithel ausgekleidet.

Figur 3. **Abtheilung II. Fall 4.** Querschnitt durch das Uterinende der Tube nahe ihrer Einmündung in den Fruchtsack.

A Muscularis.

B Hauptlumen der Tube.

C In der Muscularis liegende Abzweigungen des Tubenepithelrohres, eine in offener Verbindung mit dem Hauptlumen.

Fig. 1, 2, 3, gezeichnet mit Zeiss a. Oc. 3. Camera lucida nach Abbe.

Figur 4 und 5. **Abtheilung II. Fall 5.**

Aus dem Fruchtsacke entfernte Schädelknochen.

Figur 4 innere, Figur 5 äussere Fläche.

Natürliche Grösse.

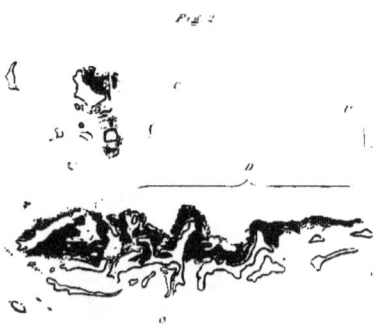

www.ingramcontent.com/pod-product-compliance
Lightning Source LLC
Chambersburg PA
CBHW022103210326
41518CB00039B/480